María José Mijares Coto

Introducción a la Ingeniería del Terreno

María José Mijares Coto

Introducción a la Ingeniería del Terreno

La Geotecnia desde una perspectiva fácil y divertida

PUBLICIA

Imprint
Any brand names and product names mentioned in this book are subject to trademark, brand or patent protection and are trademarks or registered trademarks of their respective holders. The use of brand names, product names, common names, trade names, product descriptions etc. even without a particular marking in this work is in no way to be construed to mean that such names may be regarded as unrestricted in respect of trademark and brand protection legislation and could thus be used by anyone.

Cover image: www.ingimage.com

Publisher:
PUBLICIA
is a trademark of
Dodo Books Indian Ocean Ltd. and OmniScriptum S.R.L publishing group

120 High Road, East Finchley, London, N2 9ED, United Kingdom
Str. Armeneasca 28/1, office 1, Chisinau MD-2012, Republic of Moldova, Europe
Printed at: see last page
ISBN: 978-3-639-64640-5

PRÓLOGO

La Ingeniería del terreno es una rama de la ingeniería que estudia de forma organizada y sistemática el suelo. El suelo es el material de construcción más viejo y también el más complejo. Es el material que pisamos, donde apoyamos nuestros edificios, sobre el que circulan nuestros coches; es el material que cubre las rocas y que procede de ellas por su desintegración y descomposición.

El suelo conjuga básicamente 3 elementos: la tierra, el agua y el aire. Esta composición es lo que condiciona su comportamiento como material y lo que hace que su variedad sea enorme y que sus propiedades, variables en el tiempo y en el espacio, sean difíciles de entender y de medir. Por ello, cada caso con el que nos encontramos es un problema de investigación y análisis y ello es uno de sus grandes encantos.

La Ingeniería del Terreno como disciplina autónoma y diferenciada nació a principios del siglo XX en Estados Unidos y Suecia y desde los años sesenta del pasado siglo esta disciplina adquirió su autonomía como ciencia y pasó a impartirse en las universidades. Su característica fundamental es que se trata de una ciencia aplicada, una ciencia empírica, llena de imágenes puramente experimentales, lo que la convierte en una rama sumamente atractiva de la ingeniería.

El presente libro ha sido concebido como un conjunto de apuntes, elaborados para servir de guía y herramienta básica a los estudiantes del Grado en Ingeniería de Obras Públicas que se imparte en la Universidad de A Coruña. Como docente en el área de la ingeniería del terreno y como profesional de esta especialidad con más de 25 años de experiencia, he querido transmitir de una manera sencilla lo transcendente y lo muy necesario que es comprender el comportamiento del terreno con relación a las obras de ingeniería civil. Y desde la perspectiva de la experiencia, es como intento en esta obra acercar a los estudiantes al conocimiento del comportamiento del terreno con vistas a su futura actividad profesional.

A través de este libro se estudia el suelo desde un punto de vista ingenieril, como material de construcción o material de apoyo de las obras civiles (carreteras, túneles, presas, edificaciones), sobre el cual los estudiantes, futuros ingenieros, proyectarán y ejecutarán estructuras el día de mañana. Se hace de una manera fácil, sencilla y entretenida, mediante el estudio de 5 módulos con los contenidos básicos y fundamentales para iniciarse en la Ingeniería del Terreno. No se trata de aprender todo sobre la mecánica de suelo, sino lo esencial, los principios fundamentales que permiten seguir progresando y formándose con fluidez.

La autora,

María José Mijares Coto

Índice

Módulo 1:

INTRODUCCIÓN A LA INGENIERÍA DEL TERRENO TIPOS Y PROPIEDADES DE LOS SUELOS

Introducción

La *Ingeniería del Terreno* es una ciencia aplicada que estudia las cualidades de los materiales de la corteza terrestre con miras a ser asiento de grandes obras públicas. Su fin básico es proporcionar al técnico la información necesaria para el diseño de estructuras en las que, de alguna manera, interviene el terreno. Dicha información se basa en el análisis de propiedades tales como la elasticidad, rigidez, resistencia a la fractura, permeabilidad, de los suelos y rocas que forman el terreno. Se trata de una ciencia empírica que se basa en juicios dictados por la experiencia. Estos juicios contienen proposiciones que se sujetan siempre a verificación y su objetivo último es el establecimiento de leyes, teorías y modelos de carácter empírico y con capacidad suficiente para anticipar el comportamiento del terreno. Estas leyes, teorías y modelos permiten disponer de una base para poder operar sobre una determinada realidad ingenieril, bien sea para transformarla, para aprovechar sus beneficios o para tratar de corregir los problemas que dicha realidad plantea.

Dentro de la *Ingeniería del Terreno* cabe diferenciar dos ramas distintas, la *Mecánica del Suelo* y la *Ingeniería de Rocas,* que aplican otras ciencias formales y empíricas, entre ellas la *Mecánica clásica,* la *Hidráulica,* las *Matemáticas,* la *Estadística, la Descriptiva,* como herramientas en el estudio de la respuesta de los suelos y de las rocas a los campos de fuerzas presentes en su entorno.

La *Mecánica de Suelos* es una ciencia más a menos reciente, que tuvo en Karl Terzaghi y en su discípulo Arthur Casagrande a sus iniciadores, si bien el ensayo de Coulomb presentado en 1773 en la Academia de Ciencias de París, puede considerarse como la primera contribución importante a la edificación de la *Mecánica de Suelos* moderna. A todo lo largo del siglo XIX numerosos trabajos teóricos la fueron enriqueciendo, pero ha sido Karl Terzaghi el que le dio nuevo impulso con su obra editada en Viena en 1925. Al final de la segunda Guerra Mundial el movimiento se extendió, las experiencias se multiplicaron, se pusieron a punto nuevos aparatos de medida, se crearon laboratorios, se publicó abundante literatura y, finalmente, se organizó la enseñanza de la *Mecánica de Suelos* que, de esta forma, ha conquistado su autonomía como ciencia.

La *Ingeniería de Rocas* tuvo su aparición más recientemente, pudiendo afirmarse que el ingeniero americano Hoek ha sido el padre de la misma. Esta rama distingue dos aspectos del comportamiento de las rocas bajo la acción de las cargas aplicadas, el comportamiento mecánico del material rocoso intacto y el comportamiento mecánico del macizo rocoso. El comportamiento mecánico del material rocoso intacto se determina normalmente a partir de experimentos de laboratorio con pequeñas probetas de rocas, por lo que algunas veces el término *Mecánica de Rocas* se usa solamente para este tipo de estudios. En el comportamiento mecánico del macizo rocoso influyen de manera decisiva las fallas, diaclasas, planos de estratificación y cualquier otro tipo de discontinuidades geológicas, así como la presencia del agua y demás factores ambientales. Por ello, la investigación y análisis del comportamiento de los macizos rocosos suele designarse como *Ingeniería de Rocas* para diferenciarlo de la física de los materiales rocosos intactos, que es lo que se conoce como *Mecánica de Rocas*.

KARL TERZAGHI

"La Mecánica de Suelos es la aplicación de las leyes de la mecánica y la hidráulica a los problemas de ingeniería que tratan con sedimentos y otras acumulaciones no consolidadas de partículas sólidas, producidas por la desintegración mecánica o descomposición química de las rocas, independientemente de que tengan o no contenido de materia orgánica".

(Theoretical Soil Mechanics).

En ocasiones, no resulta fácil distinguir el específico campo de aplicación de la *Ingeniería del Terreno* como disciplina autónoma respecto a otras ramas científicas cuyo objeto de estudio también es el terreno. Debe matizarse, no obstante, que dicho estudio se realiza desde enfoques y puntos de vista diferentes. A efectos de clarificar esta cuestión, hay que señalar que en la ciencia que nos ocupa el planteamiento del problema es sutilmente diferente del que se hace, por ejemplo, en *Geología* o en *Edafología*. Así, mientras que el comportamiento del terreno es el objeto fundamental de la *Ingeniería del Terreno*, para la *Geología* el terreno no representa más que una capa de impureza que impide observar el normal transcurrir de los estratos. La *Geología* trata de la composición, estructura y evolución de la tierra y, en particular, la *Geología Estructural* describe las estructuras de las rocas de la corteza terrestre e intenta determinar las causas de su formación. No obstante, obviamente, ello se separa del objetivo fundamental de la *Ingeniería del Terreno,* que es el estudio del comportamiento mecánico del terreno, y donde los estratos únicamente interesan en una pequeña cantidad, hasta encontrar estructuras resistentes.

Funciones del terreno

Las construcciones que se realizan sobre el terreno transmiten cargas al mismo y este medio reacciona frente a ellas modificando su estado inicial de tensiones y deformaciones. Precisamente, la *Ingeniería del Terreno* encuentra su campo de aplicación en la predicción del cambio que se puede producir en el estado inicial de tensiones y deformaciones de una masa de terreno por efecto de una variación de sus solicitaciones mecánicas.

Tampoco se debe olvidar que el terreno, además de soporte de obras civiles, también constituye un material de construcción en carreteras y presas, siendo éste otro campo específico del que también es objeto la *Ingeniería del Terreno*. La tecnología de fabricación del terreno como elemento de construcción se basa en tratamientos mecánicos, físico-químicos y en *procesos de precarga* que, mediante una deformación irreversible análoga a la que provocará la solicitación futura del terreno, permiten mejorar sus propiedades mecánicas.

Desde el enfoque de la Ingeniería Civil, el terreno puede desempeñar diferentes funciones. Puede funcionar como cimentación, como productor de cargas, como estructura y como material de construcción. En cada caso el análisis se debe orientar de una forma concreta, estudiando determinadas propiedades.

Todas las obras se apoyan en el terreno que funciona como cimiento. En estos casos se debe definir la forma del apoyo y la transmisión de cargas de la estructura al terreno y estudiarse la deformabilidad y resistencia.

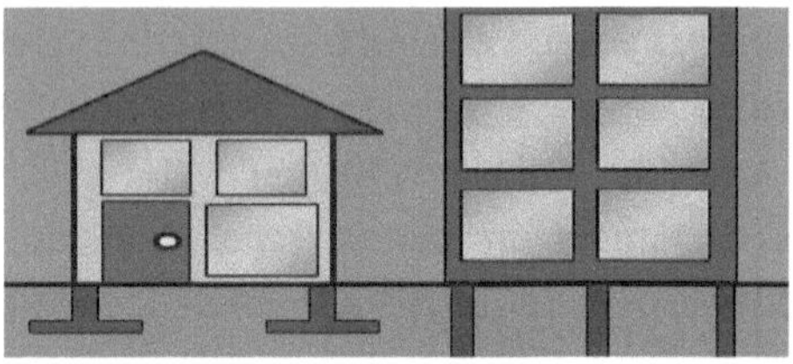

Figura 1.1: Función del terreno como cimentación.

El terreno funciona como productor de cargas en la construcción de estructuras de contención como muros de contención y revestimiento de túneles (figura 1.2). Para su diseño hay que considerar que dichas estructuras de contención se dimensionan calculando la magnitud y distribución de los empujes ejercidos por el terreno.

Figura 1.2: Función del terreno como productor de cargas.

Cuando el propio terreno constituye una estructura en forma de talud (figura 1.3), debe tenerse en cuenta que se tiene que definir la inclinación y altura para garantizar su estabilidad.

Figura 1.3: Función del terreno como estructura.

Por último, cabe destacar que el terreno también es un elemento de construcción en obras de tierra como rellenos, terraplenes, presas de materiales sueltos (figura 1.4). Para ser utilizado como tal, deben conocerse las propiedades del terreno y la influencia que sobre las mismas tiene la forma de colocación (compactación).

Figura 1.4: Función del terreno como material de construcción.

Suelos y rocas

El punto de partida en el estudio de la Ingeniería del Terreno pasa por definir el objeto de nuestro análisis: el terreno. El *terreno* lo constituyen los materiales existentes en la corteza terrestre, que pueden clasificarse en dos grandes grupos, *rocas* y *suelos*, aunque no hay una clara distinción entre ambos. De hecho, en los estudios geotécnicos es corriente designar por el vocablo *suelo* a todos los materiales que existen en la corteza terrestre, se trate bien de rocas, bien de materiales sueltos como las arenas, o bien de materiales coherentes como las arcillas y las turbas. Para tener una idea intuitiva de la diferencia entre rocas y suelos podemos señalar que aquéllas son compactas, duras, resistentes y sólo pueden trocearse aplicándoles grandes esfuerzos mecánicos. Por el contrario, los suelos son materiales que permiten su separación en granos por aplicación de una energía mecánica relativamente débil, por ejemplo, apretándolos con la mano.

Las *rocas* se encuentran ocupando grandes extensiones de la corteza terrestre que, in situ, están constituidas por uno o varios minerales, más o menos estables, formando agregados sólidos cristalinos, particularmente complejos debido a la heterogeneidad de sus constituyentes y a los defectos de su estructura. Al estar compuestas por cristales pertenecientes a diferentes especies minerales, que poseen dimensiones y formas diversas y cuyo empaquetamiento nunca es perfecto, resultan ser medios esencialmente discontinuos. En su estructura existen espacios llamados *poros* y numerosos defectos intercristalinos que se conocen con el nombre genérico de *fisuras*.

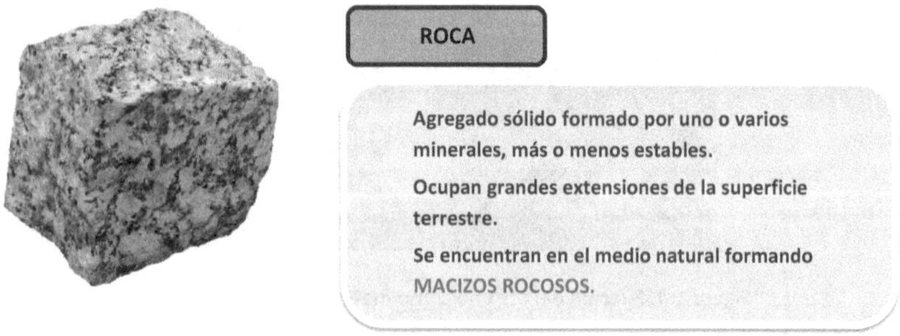

Figura 1.5: Concepto de roca.

La *anisotropía* de las rocas proviene de la propia de los cristales, derivada del sistema cristalino al que pertenecen, y de las orientaciones preferentes de ciertas especies minerales. La anisotropía más importante desde el punto de vista mecánico es la que resulta de la *fisuración*. Algunas rocas, debido a su génesis, muestran orientaciones preferentes de ciertas especies minerales, lo que da lugar a *foliación, esquistosidad* y a una *isotropía aparente,* que no es más que el resultado de la distribución aleatoria de las orientaciones de esos cristales.

Desde el punto de vista ingenieril, el vocablo *roca* se aplica a bloques individuales o fragmentos que han sido extraídos de su yacimiento original. Sin embargo, en el medio natural, las *rocas* se presentan en *macizos rocosos,* que son formaciones geológicas constituidas por la roca matriz, compuesta por una o varias rocas (litotipos) y las discontinuidades y caracteres estructurales que contienen (planos de estratificación, fallas, juntas, pliegues, esquistosidad, etc.). Los *macizos rocosos* son, por tanto, discontinuos y pueden presentar propiedades heterogéneas y/o anisótropas. Entre el macizo rocoso y la roca existen grandes diferencias en cuanto a resistencia y deformabilidad, pues en el comportamiento del primero, además de influir las características propias del material, intervienen las discontinuidades que le otorgan una gran heterogeneidad.

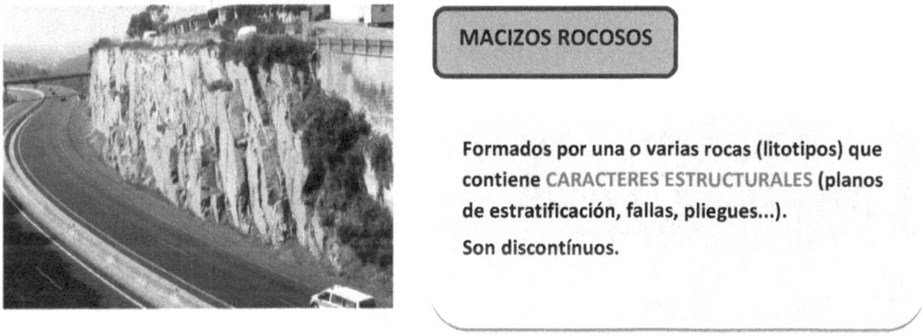

Figura 1.6: Concepto de macizo rocoso.

La roca sana, situada en la superficie terrestre o próxima a ella, sufre la destrucción gradual de su masa sólida como consecuencia de los *procesos de meteorización*. Como resultado de esta destrucción, gran parte de la superficie actual de la tierra, el lecho rocoso relativamente inalterado, está cubierto por una acumulación de materiales sin cementación o muy poco cementados, a menudo de naturaleza y espesor altamente variables. Este es el material que los ingenieros denominan *suelo* y que utilizan para soportar estructuras y, en algunos casos, para construirlas.

Dentro de la *Mecánica de Suelos* varios autores han aportado diferentes definiciones del concepto *suelo*. La definición dada por *Jiménez Salas,* muy geotécnica y demasiado amplia, considera suelo todo aquel espesor de la corteza terrestre que se encuentra afectado por la actividad del hombre, examinado desde el punto de vista que sobre él produce dicha actividad. *Escario* dice que suelos son materiales que provienen de la descomposición de las rocas y que forman un conjunto de fase discontinua. *Caquot* llama suelos a todos los materiales, sin excepción, de la corteza terrestre que se encuentran en las proximidades de las infraestructuras de la ingeniería civil, los cuáles se tratan de materiales sueltos (arenas), coherentes (arcillas) o rocosos. Para *Terzaghi* suelo es todo agregado natural de partículas minerales separables por medios mecánicos de poca intensidad, como puede ser la agitación en agua. Bastante próxima a la anterior y ya muy ajustada a la realidad es la definición dada por el *Department of Scientific and Industrial Road Research Laboratory* para el cuál suelo es un conjunto de partículas sólidas que forman una estructura porosa cuyos poros pueden contener, según las circunstancias, agua, aire o ambos.

SUELO

Conjunto formado por un ESQUELETO de partículas sólidas y poros rellenos de agua y/o aire.

Sin cementación o poco cementado.

Originado por la ALTERACIÓN de las rocas.

Que ocupa la parte de la corteza terrestre donde se desarrolla la actividad humana y biológica.

Figura 1.7: Concepto de suelo ingenieril.

A partir de las explicaciones proporcionadas por todos estos autores, se puede establecer una definición más correcta y ajustada de suelo, incluyendo los distintos aspectos señalados por los mismos. De esta manera se entiende por *suelo* un conjunto formado por un esqueleto de partículas sólidas y poros rellenos de agua y/o aire, sin cementación o poco cementado, originado por la alteración de las rocas y que ocupa la parte de la corteza terrestre donde se desarrolla la mayor parte de la actividad humana y biológica.

Los *suelos* son materiales naturales fácilmente disgregables, bien mediante agitación física, relativamente poco intensa, o bien mediante agentes químicos suaves, por efecto del agua o de dispersantes suaves. En un suelo ingenieril típico las partículas individuales, las cuáles pueden variar en gran medida en forma y tamaño (desde micras a algunos centímetros) y considerarse indeformables, constituyen un armazón de material sólido en el que, entre las partículas individuales, existe un sistema de espacios interconectados. La armazón de partículas sólidas se denomina *esqueleto o estructura del suelo*; los espacios entre las partículas se denominan *vacíos, huecos o poros* y ocupan un volumen total del orden de magnitud del volumen ocupado por aquellas (desde la mitad a varias veces superior). Como puede deducirse, el suelo es un material seudosólido que consta de tres etapas: un esqueleto de partículas sólidas rodeado de espacios llenos de agua o aire o una combinación de agua y aire. Precisamente por tratarse de conjuntos particulados y ser sistemas multifase (sólida, líquida y gaseosa), los suelos exhiben propiedades muy peculiares.

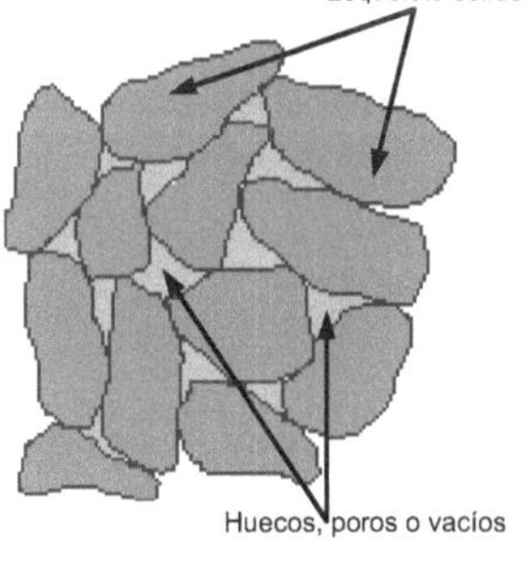

Estructura del suelo

SUELO INGENIERIL

Conjunto formado por un ESQUELETO de partículas sólidas y poros rellenos de agua y/o aire, sin cementación o poco cementado, originado por la ALTERACIÓN de las rocas.

Ocupa la parte de la corteza terrestre donde se desarrolla la actividad humana y biológica.

Figura 1.8: Estructura del suelo ingenieril.

Una distinción elemental, habitualmente utilizada al tratar los suelos, diferencia entre los *suelos cohesivos* o *coherentes* y los *suelos no cohesivos* o *incoherentes*. Aquellos materiales naturales en los que, gracias a sus características físico-químicas, es necesario aplicar alguna fuerza para separar los propios granos del suelo, se dice que son los *suelos cohesivos* o *suelos coherentes*. Por el contrario, los granos de un *suelo no cohesivo, incoherente*, solamente se pegan cuando están ligeramente húmedos y gracias a las fuerzas de tensión superficial del agua que rellena parcialmente los poros. En general, los suelos cohesivos son arcillosos, casi siempre presentan índices de plasticidad y suelen ser impermeables. Los materiales arcillosos son de dimensión coloidal y normalmente se acepta como tal a las partículas inferiores a las 2 micras. Su resistencia al corte es muy sensible a los contenidos de humedad, por lo que es necesario conocerlos y cuantificarlos con precisión. También, en general, los suelos incoherentes suelen ser no plásticos, permeables en mayor o menor grado y presentan una textura granular visible o apreciable directamente al tacto.

Figura 1.9: Concepto de materiales mixtos.

Además de los suelos y rocas, se distinguen también los materiales mixtos denominados *rocas blandas* y *suelos duros*. Son estadios intermedios que participan de los dos tipos de peculiaridades y, por lo tanto, se les puede suponer y considerar como si de cada uno de los dos grupos de origen se tratara. Se entiende por una *roca blanda* aquélla que se descascarilla al ser expuesta al aire, o al agua, o bien proporciona un sonido sordo al ser golpeada por un martillo y en la que los porcentajes de recuperación en los sondeos son bajos, del orden del 35% o inferior. También hay criterios definidos por diferentes autores que fijan el concepto de roca blanda en base al resultado del ensayo de compresión simple.

Origen de los suelos

La corteza terrestre es la parte más superficial de nuestro planeta y constituye la zona de transición de la litosfera a la atmósfera. Se caracteriza por la presencia de fluidos y por la gran variedad de los materiales que la integran. No es una masa inerte, sino que está sometida a continuos cambios, tanto en su configuración como en la naturaleza de los materiales que la componen.

Este proceso continuo de transformación al que está sometida la corteza terrestre es el resultado de la acción de dos fuerzas antagónicas que actúan sobre la misma: una de origen interno, *fuerza tectónica*, y otra externa cuyo origen radica en la radiación solar, que evapora el agua de los océanos precipitándola sobre los continentes. La fuerza tectónica tiene su origen en cierta fuente de energía propia de la tierra, desprendida en los procesos de radiactividad que se producen en la litosfera, y en el calor interno del globo terráqueo. Tiende a transformar la corteza terrestre, levantándola o hundiéndola y provocando reajustes físico-químicos y mecánicos entre sus componentes. Su efecto más sensible es la formación de las montañas y sus manifestaciones más espectaculares son los volcanes y los terremotos.

Las *fuerzas de la dinámica externa* actúan desde fuera sobre la superficie terrestre, esencialmente por cambios de temperatura debidos a la radiación solar, y se manifiestan en los procesos de erosión y transporte de los materiales, mediante el viento, la lluvia, los torrentes, los ríos, los glaciares y el mar. Estos procesos tienden a destruir las irregularidades de la superficie de los continentes, originadas por las acciones de la dinámica interna, y a restablecer el equilibrio en la litosfera. De esta forma se establece un ciclo de fenómenos, en los que se alternan los procesos de destrucción y reconstrucción de la corteza terrestre, que da lugar a que aparezcan en el terreno materiales tipo roca y materiales tipo suelo.

Erosión

Se entiende por *erosión* o *meteorización* la modificación sufrida en la composición o en la estructura de una roca situada en la superficie terrestre o próxima a ella como consecuencia de la acción de los agentes atmosféricos. Debido a la *meteorización* la roca sana pasa, bajo sucesivos estados, a suelo. Los términos extremos de esta gradación tienen unas características y comportamiento bien diferenciados, pero hay una gama de materiales intermedios que participan de propiedades comunes a los dos. Sin embargo, este proceso no es el habitual y, en general, resulta muy práctico clasificar el macizo rocoso dentro de una escala de meteorización (figura 1.10).

<table>
<tr><th>LOVE (1951)
LITTLE (1961)</th><th>SOWERS
(1954, 1963)</th><th>GEOLOGICAL SOC.
ENG. GROUP
(1970)</th><th colspan="2">DEER Y PATTON
(1971)</th></tr>
<tr><td>ROCAS ÍGNEAS</td><td>ÍGNEAS Y
METAMÓFICAS</td><td>ROCAS IGNEAS</td><td colspan="2">ÍGNEAS Y
METAMÓFICAS</td></tr>
<tr><td rowspan="3">VI
SUELO</td><td rowspan="3">ZONA SUPERIOR</td><td rowspan="3">VI
SUELO RESIDUAL</td><td colspan="2">HORIZONTE A</td></tr>
<tr><td rowspan="2">SUELO RESIDUAL</td><td>HORIZONTE
IB</td></tr>
<tr><td>HORIZONTE
IC</td></tr>
<tr><td>V
COMPLETAMENTE
ALTERADA</td><td>ZONA INTERMEDIA</td><td>V
COMPLETAMENTE
ALTERADA</td><td rowspan="4">ZONA TRANSICIÓN</td><td rowspan="2">IA
TRANSICIÓN
ROCA
METEORIZADA
A SAPROLITO</td></tr>
<tr><td>IV
ALTAMENTE
ALTERADA</td><td rowspan="3">ZONA
PARCIALMENTE
ALTERADA</td><td>IV
ALTAMENTE
ALTERADA</td></tr>
<tr><td>III
MODERADAMENTE
ALTERADA</td><td>III
MODERADAMENTE
ALTERADA</td><td rowspan="2">IB
PARCIALMENTE
METEORIZADO</td></tr>
<tr><td>II
ALGO
ALTERADA</td><td>II
DÉBILMENTE
ALTERADA</td></tr>
<tr><td rowspan="2">I
ROCA SANA</td><td rowspan="2">ROCA INALTERADA</td><td>IB
MUY POCO
ALTERADA</td><td colspan="2" rowspan="2">ROCA SANA</td></tr>
<tr><td>IA
ROCA SANA</td></tr>
</table>

Figura 1.10: Perfil de meteorización según diversas fuentes (González de Vallejo, 2004).

Como ya hemos dicho, las rocas in situ están constituidas por minerales más o menos estables. A través del tiempo, los menos estables han sufrido una alteración físico-química (*proceso de erosión*) y se han transformado en una masa de partículas friables, que tienen frecuentemente una estructura de lámina o lentejuela. Los productos arrancados por la erosión continúan sufriendo transformaciones, tanto durante el transporte como después de depositados. En el esquema de la figura 1.11 se resume el proceso de formación de los suelos.

ORIGEN Y FORMACIÓN DE LOS SUELOS

METEORIZACIÓN, EROSIÓN	**Física**: Cambios térmicos, agua, hielo, crecimiento de cristales, etc. **Química**: Hidratación, disolución, oxidación, etc. **Biológica**: actividad bacteria, putrefacción.

TRANSPORTE + EROSIÓN+ DISGREGACIÓN

RESULTADO FINAL (En campo gravitatorio)	**SISTEMA PARTICULADO DE DIVERSO ORIGEN**: Granulometría de gruesos cm a finos micras. **ESTRUCTURA Y FÁBRICA EN FUNCIÓN ORIGEN DE LOS MINERALES, AGENTES CEMENTANTES, TRANSFORMACIONES, MEDIO DE DEPOSICIÓN....** **IMPORTANTE PRESENCIA DE HUECOS (INTERSTICIOS)** • Con agua (suelo saturado) • Con aire (raro) • Con agua y aire (semi saturado) **SISTEMA BI O TRIFASE** • Partículas indeformables (salvo fracción orgánica) • Fluido intersticial incompresible • Deformación del medio por giros y deslizamiento relativo partículas, expulsión de agua.

Figura 1.11: Esquema del proceso de formación de los suelos.

La erosión puede ser de dos tipos: la *erosión física* o *meteorización mecánica*, que produce un fraccionamiento o desintegración de la roca en piezas de menor tamaño sin cambio de su composición; y la *erosión química*, que da lugar a un suelo cuya constitución mineralógica es distinta de la que tenía la roca madre. Ambos tipos de erosión cooperan entre sí, cada uno facilitando la acción del otro. Así, la desintegración física completa la descomposición, ya que los minerales y partículas rocosos de menor tamaño producidos por meteorización mecánica son mucho más susceptibles al cambio químico que los granos minerales firmemente soldados en grandes masas de roca compacta.

La naturaleza de los productos obtenidos por los procesos de erosión depende de una serie de factores, como son el tipo de roca primitiva, la topografía, la edad geológica, la vegetación y el clima. El tipo de meteorización de una roca depende sobre todo de las condiciones climáticas. Dos factores determinan las clases de suelo, el agua y la temperatura. Los efectos de la acción química (CO_2, acción biológica, ión hidrógeno y bases de cambio) se acentúan con la temperatura. Por ello, las rocas se meteorizan preferentemente por *desintegración* en climas extremos, cálidos y secos (desérticos) o fríos y secos (ártico y antártico); por *descomposición* en climas cálidos y húmedos (tropicales) y por combinación de ambos procesos en climas templados. La *descomposición* es el tipo de meteorización que alcanza mayor profundidad en el macizo rocoso y da lugar a cambios en la composición de la roca. La *desintegración* afecta a una zona más superficial, favoreciendo la *descomposición* posterior en los climas templados.

Erosión física

Se denomina *erosión física* al proceso de fragmentación física o desintegración de la masa rocosa en piezas de menor tamaño bajo la acción de las fuerzas físicas, como la corriente de agua de los ríos, el viento, las olas oceánicas, el hielo glacial, la acción de congelación, además de las expansiones y contracciones causadas por ganancia y pérdida de calor. La fracturación inicial de la roca puede ser el resultado de esfuerzos inducidos tales como la retracción debida al enfriamiento, la liberación de esfuerzos después de la remoción de una capa de material más superficial o el plegamiento y las fallas. Una vez que la masa rocosa se ha fracturado, se incrementa su vulnerabilidad respecto a otras formas de meteorización física y de meteorización química.

La erosión física de las rocas sólo puede dar lugar a las partículas de mayor tamaño, gravas, arenas o limos, pues la aparición de arcillas requiere transformaciones químicas. Estas partículas tienen a menudo la misma composición mineralógica que la roca madre.

La erosión física es producida por numerosos agentes, que se pueden integrar en dos grupos, según que la erosión se produzca in situ o en la fase de transporte y sedimentación de las partículas minerales resultantes. Los principales agentes de la erosión física in situ son los cambios de temperatura, el crecimiento de los cristales, la actividad orgánica, las tensiones de la corteza terrestre y la gravedad. Como agentes de erosión física durante el transporte de los sedimentos destacan, por su acción erosiva, la gravedad, el agua, el viento y el hielo.

Erosión química

Se denomina *erosión química* al proceso de descomposición química de algunos o de todos los minerales que constituyen la masa rocosa. La erosión química tiene lugar en presencia de agua.

Las reacciones químicas asociadas con la erosión suelen ir acompañadas de aumento de volumen y desprendimiento de calor.

Los principales agentes de la meteorización química son el agua, el oxígeno, el dióxido de carbono y los ácidos orgánicos que actúan a través de procesos de oxidación, hidratación, hidrólisis, carbonatación y disolución.

En el cuadro de la figura 1.12 se explica la meteorización química de los minerales que forman la roca, teniendo en cuenta aspectos tales como la composición química, la susceptibilidad a dicha erosión y el suelo derivado principal que resulta.

<table>
<tr><th>MINERAL QUE FORMA LA ROCA</th><th>COMPOSICIÓN QUÍMICA</th><th>SUSCEPTIBILIDAD A LA EROSIÓN QUÍMICA</th><th>SUELO DERIVADO PRINCIPAL</th></tr>
<tr><td>Cuarzo</td><td>Dióxido de silicio</td><td>Altamente susceptible</td><td>Grava, arena y partículas de limo</td></tr>
<tr><td>Ortosa</td><td>Aluminio-Silicatos de potasio</td><td rowspan="4">Moderadamente susceptible</td><td>Partículas de mineral de arcilla de los grupos de la caolinita y la illita</td></tr>
<tr><td>Plagioclasa</td><td>Aluminio-Silicatos de sodio y calcio</td><td rowspan="5">Partículas de mineral de arcilla de los grupos de la montmorillonita y la illita.</td></tr>
<tr><td>Mica</td><td>Aluminio-Silicatos de potasio, magnesio y hierro</td></tr>
<tr><td>Hornablenda</td><td rowspan="3">Silicatos, principalmente de magnesio y hierro</td></tr>
<tr><td>Augita</td><td rowspan="2">Altamente susceptible</td></tr>
<tr><td>Olivino</td></tr>
</table>

Figura 1.12: Meteorización química de los minerales que forman la roca.

La *hidratación* es la adicción de agua a un compuesto químico para formar otro compuesto. El aumento de volumen que acompaña a la hidratación es un factor importante en la desintegración de las rocas.

Ejemplos de hidratación los tenemos en la transformación de la anhidrita en yeso:

$$SO_4Ca+2H_2O \rightarrow SO_4Ca \cdot 2H_2O$$

Y de las hematites de color rojo en limonita de color amarillo-pardo:

$$Fe_2O_3+n\ H_2O \rightarrow Fe_2O_3 \cdot n\ H_2O$$

La transformación que se produce como consecuencia de esta reacción química se aprecia en la figura 1.13.

EROSIÓN QUÍMICA

HIDRATACIÓN

Figura 1.13: Erosión química por hidratación de la hematite a la limonita.

La *hidrólisis* consiste en la descomposición química de una sustancia por medio del agua (por ejemplo, de los sulfatos en el agua). La presencia de anhídrido carbónico disuelto, aún en pequeñas cantidades, y de varios ácidos y productos orgánicos acelera notablemente esta reacción, pues el grado de acidez aumenta notablemente la actividad del agua. Su acción erosiva aumenta también con la temperatura. A partir de materiales muy distintos, como son los variadísimos silicatos que se encuentran en las rocas ígneas y sedimentarias, se llega por medio de reacciones de hidrólisis a un producto final: la *arcilla*. Los silicatos que forman las rocas se componen fundamentalmente de ácido silícico, óxidos de hierro y aluminio y óxidos de metales alcalinos y alcalinotérreos. La hidrólisis afloja las ligazones de estos elementos: los óxidos de metales alcalinos o alcalinotérreos forman bases o sales solubles que son, al menos en parte, lavadas por el agua. El ácido silícico se solubiliza en forma coloidal y también es arrastrado parcialmente por el agua. Los óxidos de hierro y aluminio son los elementos fijos, aunque pueden asimismo pasar algunos de ellos a forma coloidal. Es el caso de la descomposición de la ortosa para formar caolinita:

$$2\ AlKSi_3\ O_8+CO_2+6\ H_2O \rightarrow 2\ SiO_2\ Al_2O_3\ 2H_2O+4H_2SiO_3+K_2CO_3$$

EROSIÓN QUÍMICA

HIDRÓLISIS

ORTOSA **$2Al\ K\ Si_3O_8$**

CAOLINITA **$2\ SiO_2\ Al_2O_3\ 2H_2O$**

Figura 1.14: Erosión química por hidrólisis de la ortosa a caolinita.

La *disolución* es la acción del agua como disolvente del carbonato cálcico de las rocas calizas. Depende de la cantidad de anhídrido carbónico que lleve el agua en disolución. Es la causa por la que se producen gran cantidad de grietas, cavernas y conductos de todo tipo que debilitan y hacen extraordinariamente permeables las formaciones calcáreas (fenómenos kársticos). Un ejemplo es la disolución del carbonato cálcico a bicarbonato según la siguiente reacción:

$$Ca\ CO_3+CO_2+H_2O \rightarrow Ca\ (HCO_3)_2$$

La oxidación de los minerales de hierro en presencia del agua y del oxígeno atmosférico da lugar a la formación de hidróxido férrico en forma de limonita ocre $Fe\ (OH)_3$ en ambientes o climas templados o fríos húmedos o secos y a la formación de óxido férrico en forma de hematites Fe_2O_3 en climas tropicales o subtropicales con temperatura elevada y grandes aportes de agua. Un ejemplo lo representa el paso de óxido ferroso a férrico por medio de la reacción:

$$2\ FeO + \tfrac{1}{2}\ O_2 \rightarrow Fe_2O_3$$

Erosión biológica

Muy relacionada con la meteorización química se encuentra la *meteorización biológica*, producida fundamentalmente por la actividad bacteriana, originando putrefacciones en materiales orgánicos.

Transporte y sedimentación

Los agregados que resultan de este *proceso de erosión* pueden permanecer y acumularse in situ, constituyendo el denominado *suelo residual*, o ser *transportados* como sedimentos por la acción sola o combinada de cinco agentes (el viento, el agua, la gravedad, el hielo y los organismos vivos), formando los *suelos sedimentarios*. Los *"suelos residuales"*, como el caolín, tienen en cierta medida la estabilidad de las rocas de origen, y suelen ser más abundantes en zonas húmedas, templadas, favorables al ataque químico de las rocas y con suficiente vegetación para evitar que los productos de la meteorización sean fácilmente arrastrados. Un suelo residual queda descrito por su perfil de meteorización y por el conjunto de estructuras heredadas o relictas. El *perfil de meteorización* es la secuencia de materiales con diferentes propiedades que se han formado en el lugar donde se le encuentra y que yace sobre la roca no meteorizada. Representa la historia de su proceso de meteorización. Generalmente se compone de zonas de diferente meteorización, que van desde el suelo propiamente dicho en la parte más superficial hasta la roca sana en la parte más profunda. Las *estructuras heredadas o relictas* consisten en diaclasas, exfoliaciones, juntas, grietas, fallas y otros defectos estructurales que el suelo muestra como herencia de los que tenía la roca original.

Los perfiles más conocidos son los definidos por *Deere* y *Patton* en 1971 que distinguen tres zonas: horizonte I: *suelo residual*; horizonte II: *roca alterada* y horizonte III: *roca sana*. En el horizonte I las propiedades de la masa y el material son las de un suelo. Por debajo de este límite, las características de la roca comienzan a dominar en la masa y el material. El horizonte I o suelo residual está compuesto por tres horizontes A, B y C. El horizonte A, *de lixiviación o lavado*, presenta color oscuro por ser rico en materia orgánica. El horizonte B está enriquecido en arcillas y acumulaciones de Fe, Al y Si. El horizonte C corresponde al *saprolito*, material blando producto de la descomposición química de las rocas con menos del 10% de bloques de ésta. Este material meteorizado se comporta, en general, como un suelo en términos geotécnicos, aunque presenta rasgos texturales y estructurales de la roca madre.

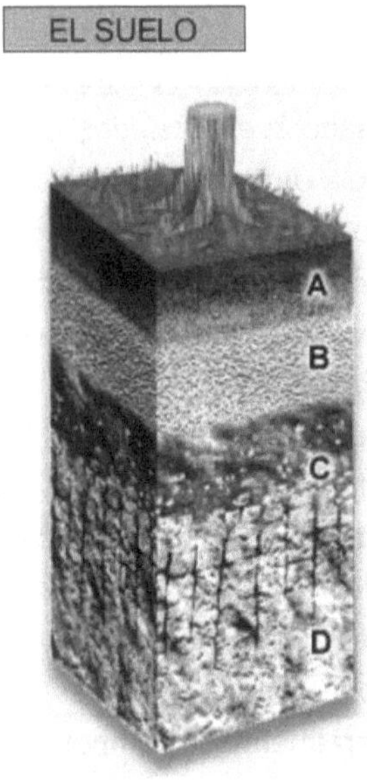

Perfil u Horizontes del suelo	
A	A00 Hojas y residuos orgánicos sin descomponer A0 Residuos parcialmente descompuestos A1 Color oscuro por presencia de materia orgánica A2 Color claro por efecto del lavado
B	B2 Precipitación de sustancias lavadas de A B3 Transición B-C
C	C Fragmentos y restos de meteorización de la roca madre
D	D Roca madre sin alterar

Figura 1.15: Perfil en profundidad del suelo residual.

Los procesos de meteorización y los efectos del transporte y depósito producen partículas individuales de suelo, ampliamente variables en forma y tamaño, que constituyen suelos sedimentarios. Estos *"suelos transportados"* son originados por meteorización según el mismo proceso que los suelos residuales, pero no han sido formados in situ, sino que han sufrido un transporte y depósito en el lugar donde actualmente se encuentran. Los suelos transportados están sueltos y frecuentemente tienen escasa compacidad.

El transporte afecta a los sedimentos de dos maneras principales: modificando la forma, el tamaño y la textura de las partículas por abrasión, desgaste, impacto y disolución y produciendo una clasificación o graduación de las mismas. En función del agente a través del cual se lleva a cabo el transporte (aire, agua, gravedad o hielo) y del medio en que son sedimentados, se tiene distintos *tipos de depósitos*: eólico, de acarreo, marismal, lacustre, coluvial, glaciárico.

En la figura 1.16 se ilustra el ciclo erosivo y los tipos de depósitos resultantes.

Como se puede apreciar en esta figura, también hay diferentes tipos en función de la distancia de transporte. Así, si el transporte es muy corto, consistiendo tan sólo en una caída a lo largo de un talud, las partículas se depositan formando *"coluviones"*, depósitos que se caracterizan por no estar más que muy groseramente clasificados. Más bien se observa *segregación*, esto es, aparecen piedras e incluso bloques mezclados con materiales tan finos como las arcillas. Los depósitos típicos de esta clase son los de *"pie de monte"*.

Un *"coluvión"* puede ser arrastrado a su vez, extendiéndose sobre una *"llanura de inundación"* en donde puede depositarse formando un *"glacis"*, en el que ya no encontraremos tan gran variedad de tamaños. Finalmente, puede ir a parar a corrientes de agua que lo transporten a distancias muy largas y lo depositen con una clasificación en tamaños bastante estrecha, constituyendo *"aluviones"*. Las tres causas principales de este depósito en el agua son la reducción de la velocidad, la disminución de la solubilidad y el aumento de los electrolitos. Cuando una corriente de agua desemboca en un lago u océano, pierde la mayor parte de su velocidad y, en consecuencia, disminuye la fuerza de la corriente, lo que provoca la sedimentación de las partículas que arrastra. Además, cualquier cambio en la temperatura del agua o en su naturaleza química puede provocar una reducción en la solubilidad de la corriente, produciéndose la precipitación de algunos de los elementos disueltos.

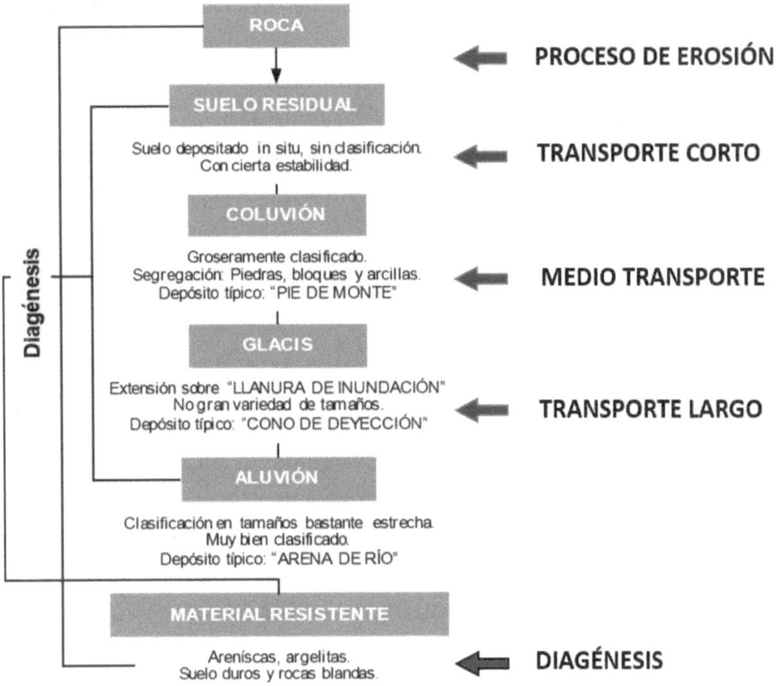

Figura 1.16: Ciclo erosivo. Tipos de depósitos.

Procesos secundarios

Los procesos secundarios son las modificaciones muy variadas que sufren los materiales, una vez que se ha formado y sedimentado el suelo. Estos procesos se engloban bajo los nombres de *diagénesis* y *metamorfismo*.

La *diagénesis* es el proceso general que experimentan los sedimentos bajo los efectos del tiempo, la presión y las demás circunstancias ambientales ordinarias. Estas transformaciones terminarán en convertirlos en materiales más o menos resistentes, tales como areniscas, argelitas, etc. Entre los procesos diagenéticos más importantes, particularmente interesantes en Mecánica del Suelo, se encuentran la consolidación y la cementación.

La *consolidación* se produce por el peso de los sedimentos sobre el suelo. Cuando el suelo se forma, está sometido a una tensión nula y está, por tanto, con una consistencia muy floja. Al continuar depositándose encima sedimentos, la presión reduce el volumen de los poros y aumenta la resistencia. Si un suelo ha estado sometido en su historia a una presión mayor de la que tiene actualmente, se dice que está *sobreconsolidado*; en caso contrario, *normalmente consolidado*. La causa más evidente de sobreconsolidación es la erosión de material, pero también puede deberse a desecaciones asociadas a ascensos y descensos del nivel freático. Como resultado, sólo los suelos muy recientes (fangos costeros, de marisma o aluviales) están normalmente consolidados; los suelos de consistencia media han sido sobreconsolidados por alguno de los procesos citados.

La *cementación* entre partículas es un proceso diagenético que tiene lugar a temperatura ordinaria y pequeña profundidad (presión baja) y que consiste simplemente en la unión de las partículas por la deposición de un cemento o material ligante. Los cementos más abundantes son la sílice, los carbonatos y los sesquióxidos.

Un estadio más avanzado de la alteración o diagénesis es el *metamorfismo*. Este término se reserva para las alteraciones que sufre una roca ya rígida, por la acción predominante de la presión y de la temperatura, en condiciones muy elevadas. Suele conducir a una gran anisotropía.

Clasificaciones de los suelos

Las propiedades más importantes de las partículas que constituyen un suelo son el tamaño, la forma y su constitución mineralógica. Las dos primeras son, en cierto modo, consecuencia de la tercera.

La clasificación de las partículas se basa, fundamentalmente, en su tamaño. En función del tamaño, las partículas sólidas que constituyen el suelo se clasifican en gravas, arenas, limos y arcillas.

Estos nombres denotan partículas de suelo de un determinado tamaño. Sin embargo, los ingenieros utilizan estos mismos términos en la descripción de los depósitos y tipos de suelos y, en este contexto, a menudo los términos tienen una interpretación ligeramente diferente, lo que puede resultar algo confuso.

TIPO	DENOMINACIÓN		TAMAÑO (mm)
SUELOS GRANULARES	Bolos y bloques		>60
	Grava	Gruesa	60-20
		Media	20-6
		Fina	2-6
	Arena	Gruesa	0,6-2
		Media	0,2-0,6
		Fina	0,08-0,2
SUELOS COHESIVOS	Limo	Grueso	0,02-0,08
		Medio	0,006-0,02
		Fino	0,002-0,006
	Arcilla		< 0,002

Figura 1.17: Clasificación de los suelos y tamaños de las partículas.

La clasificación de las partículas por tamaños se realiza según una escala basada en los dígitos 2 y 6, siguiendo una progresión geométrica de razón 10. De acuerdo a este criterio, se clasifican en *gravas*, *arenas*, *limos* y *arcillas*.

Figura 1.18: Partículas del tamaño grava.

Las *gravas* son partículas formadas al desintegrarse las rocas y de tamaño superior a 2 milímetros. Los granos son observables directamente. El transporte es, generalmente, arrastre por agua.

Las *arenas* son partículas cuyo tamaño está comprendido entre 2 y 0,02 milímetros. No obstante, entre las distintas clasificaciones hay ligeras variaciones en el límite inferior, ya que algunas lo sitúan en 0,06 mm y otras en 0,08 mm o en 0,074 mm (tamiz número 200 de la serie ASTM). Son observables a simple vista. Proceden de la erosión física de las rocas y se componen de granos de cuarzo o sílice, materiales calcáreos y, más raramente, de minerales. Son inertes, no existe cohesión entre sus partículas ni plasticidad y su influencia en la succión del suelo y en el entumecimiento es pequeña. La estabilidad de los suelos arenosos se debe a la interacción entre sus partículas (rozamiento interno). Los suelos en los que la fracción predominante es la arena son permeables y poseen buen drenaje. El transporte es, generalmente, arrastre por agua o por viento.

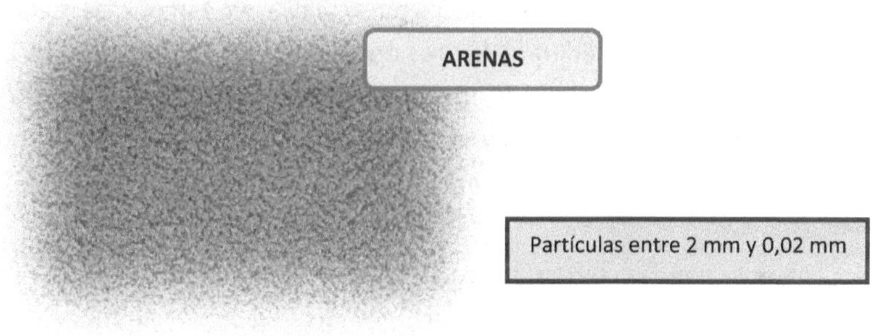

Figura 1.19: Partículas del tamaño arena.

Los *limos* son partículas cuyo tamaño está comprendido entre 0,02 y 0,002 milímetros (estos límites varían según las clasificaciones, en unas el límite superior puede ser 0,06 mm y en otras se sitúa en 0,08 mm o en 0,074 mm). Son física y químicamente análogos a las arenas y podría considerárseles como arenas finísimas. Los fenómenos superficiales son de poca importancia y, por tanto, son inertes y muy poco plásticos. Lo mismo que las arenas, aportan estabilidad al suelo por el rozamiento interno entre sus partículas, si bien en los limos el agua intersticial proporciona un cierto grado de cohesión. Son susceptibles a la helada y presentan entumecimiento y retracción, aunque en pequeña escala. Las arenas y los limos representan el último grado de finura a que llega la erosión física.

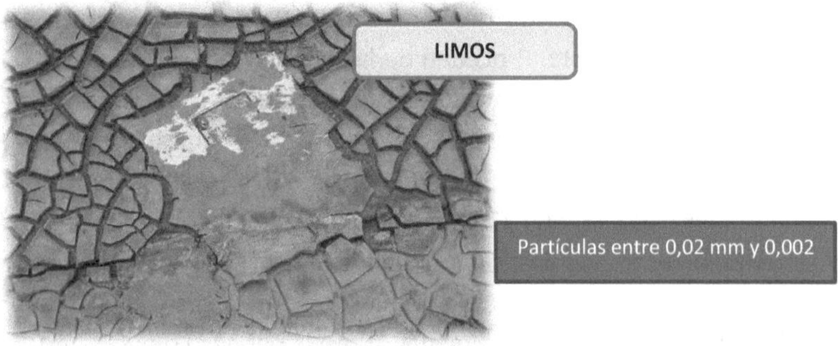

Figura 1.20: Partículas del tamaño limo.

Las *arcillas* constituyen el resto de las partículas, cuyo tamaño es menor de 0,002 milímetros. Proceden de la erosión de las rocas, pero a diferencia de las anteriores, en las arcillas a la erosión física se une la química, dando lugar a materiales cuya constitución y propiedades son distintas de las de la roca primitiva.

Figura 1.21: Partículas del tamaño arcilla.

Físicamente, las arcillas se distinguen de las arenas y limos por su forma y tamaño. La forma de las partículas es plana y alargada o laminar, lo que hace que tengan un área superficial mucho mayor por unidad de peso y a ello se debe la plasticidad de la arcilla cuando se mezcla con agua. Las partículas se pueden orientar con sus caras paralelas y las películas de agua que las rodean permiten fácilmente el deslizamiento de unas láminas sobre otras. Las partículas de arcillas están hidratadas, es decir, que el agua está absorbida en su superficie, lo que provoca fuertes efectos en los fenómenos de entumecimiento, succión y retracción. La pequeña permeabilidad de las arcillas hace que estos suelos sean muy difíciles de drenar, están largo tiempo sujetos a los efectos de consolidación y no son susceptibles de sufrir daños por las heladas.

Químicamente las arcillas son silicatos de aluminio hidratados. Resultan de reacciones de hidrólisis de óxidos de metales alcalinos y alcalino-térreos que dan lugar a bases solubles que son lavadas por el agua y en parte desaparecen, lo mismo que el ácido silícico. De todo ello resulta que se obtiene un material, la arcilla, que posee menor cantidad de bases alcalinas y sílice que la roca primitiva. Las propiedades como ligante de la fracción arcillosa son muy importantes, de forma que un suelo arenoso presenta propiedades cohesivas y plásticas si tiene una proporción del 10% de arcilla.

SUCCIÓN

Fenómeno físico-químico consistente en una tensión interna de la estructura del material producida por el fenómeno capilar y por la concentración de sales en el agua de los poros del suelo.

Se presenta en los suelos con una proporción de finos del 10-15%.

ENTUMECIMIENTO O EXPANSIVIDAD

Hinchazón o expansión del suelo en presencia de agua.

Cambio de volumen con los cambios de humedad

SUELOS EXPANSIVOS

RETRACCIÓN

Disminución de volumen con agrietamiento al desecarse el suelo.

Figura 1.22: Fenómenos propios de las partículas del tamaño arcilla.

Propiedades elementales de los suelos

El suelo es un material constituido por un esqueleto de partículas sólidas rodeado por espacios libres (huecos, poros o vacíos), en general ocupados por agua y aire. Un suelo en su estado natural se trata, generalmente, de un complejo de tres fases: sólida, líquida y gaseosa. En consecuencia, en la práctica un suelo no es en ningún caso un elemento simple, sino que consiste en un compuesto particulado seudosólido, que presenta tres componentes o fases (aire, agua y materia sólida) y cuyo comportamiento se aparta considerablemente del comportamiento de un sólido.

Dada la influencia que cada uno de estos componentes tiene en el comportamiento del terreno, como fase previa para analizar sus reacciones frente a las acciones exteriores, es preciso conocer el contenido cualitativo y cuantitativo de cada uno de ellos en el estado real inicial del suelo. Estos contenidos se expresan normalmente a través de unas magnitudes características del suelo en forma de índices, esto es, como relación o cociente entre pesos o volúmenes, que normalmente se conocen como *propiedades- índice* de los suelos.

Para definir los contenidos relativos de sólidos, huecos, agua y aire de un volumen elemental de suelo, representativo de un punto o zona del suelo, se suele utilizar un pequeño modelo físico equivalente a ese volumen elemental. El modelo se consigue suponiendo que todo el volumen de partículas sólidas se concentra, quedando el resto del volumen ocupado por los huecos. El significado de los símbolos que se utilizan se detalla a continuación.

Para los volúmenes:

V: volumen total de la muestra del suelo (volumen de la masa).

V_s: Volumen de la fase sólida de la muestra (volumen de sólidos).

V_w: Volumen de la fase líquida (volumen de agua).

V_a: Volumen de la fase gaseosa (volumen de aire).

V_v: Volumen de vacíos de la muestra de suelo.

$$V_v = V_w + V_a$$

$$V = V_v + V_s$$

$$V = V_w + V_a + V_s$$

Para los pesos:

- P: Peso total de la muestra de suelo. (Peso de la masa).
- P_s: Peso de la fase sólida de la muestra. (Peso de las partículas).
- P_w: Peso de la fase líquida de la muestra. (Peso del agua).
- P_a: Peso de la fase gaseosa de la muestra.

El modelo adoptado para representar el suelo, con granos o partículas indeformables y huecos llenos de agua y/o aire, se ilustra en la figura 1.23.

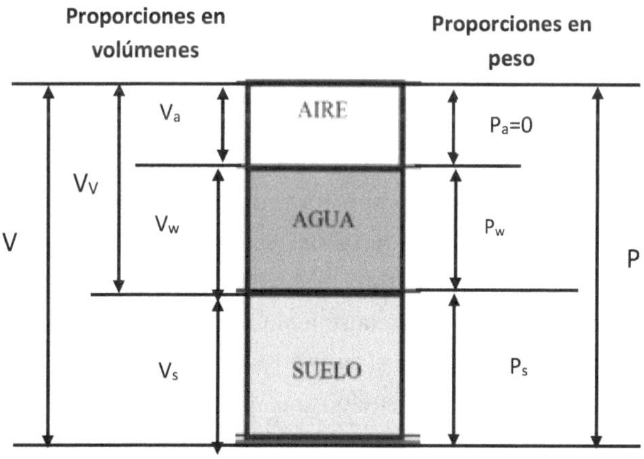

Figura 1.23: Relación de las fases de un suelo.

El peso de la fase gaseosa convencionalmente se considera nulo en Geotecnia. La fase líquida y la fase gaseosa constituyen el volumen de vacíos, mientras que la fase sólida constituye el volumen de sólidos. El volumen de vacíos es aproximadamente del mismo orden de magnitud que el volumen de partículas sólidas.

Hay que advertir que, al someter el suelo a una evaporación en horno a temperaturas prácticas, existe el problema de que no toda el agua se elimina. Para evitar este inconveniente, en Geotecnia se define el peso sólido como aquel que se obtiene tras someter al suelo a un proceso de evaporación en horno, con temperaturas de 105 ^{o}C a 110 ^{o}C y durante un periodo de tiempo suficiente para llegar a peso constante, el cual se logra generalmente tras 24 horas.

Principales propiedades índice

Las magnitudes más importantes que permiten definir el estado del suelo son la porosidad, el índice de poros o relación de vacíos, la humedad natural, el grado de saturación, los pesos específicos y las densidades. Todas estas magnitudes se relacionan entre sí a través de expresiones matemáticas fácilmente deducibles. Tener un completo dominio de su significado y sentido físico es imprescindible para poder expresar en forma asequible los datos y conclusiones de la Geotécnica y para el manejo comprensible de las propiedades mecánicas e hidráulicas de los suelos.

Porosidad e índice de poros

La *porosidad n* se define como la relación entre el volumen de vacíos o poros de un suelo y el volumen total del mismo, entendiéndose como volumen de vacíos aquella parte del volumen total no ocupada por la materia sólida. El volumen total del suelo viene dado por la suma del volumen de aire, agua y materia sólida que lo constituyen. Indica, pues, el volumen ocupado por el aire, el agua o los dos fluidos simultáneamente en relación al volumen total del suelo.

$$n = \frac{Vv}{V} = \frac{Vv}{Vs + Vw + Va}$$

Por consiguiente, en el volumen unidad de suelo, los granos sólidos ocupan un volumen *(1-n)*. Este volumen se conoce como *compacidad*.

El *índice de poros* o *relación de vacíos e* se define como la relación entre el volumen de vacíos y el volumen de la materia sólida. Puede expresarse en la forma siguiente:

$$e = \frac{V_v}{V_s}$$

Valores de porosidad e índice de poros para distintos tipos de suelos se muestran en la tabla de la figura 1.24.

TIPO DE SUELO	POROSIDAD	ÍNDICE DE POROS
Arcilla blanda	0,50-0,70	0,67-2,33
Arcilla compacta	0,35-0,50	0,54-1,00
Arcilla dura	0,20-0,35	0,25-0,54
Arena uniforme	0,30-0,50	0,43-1,00
Zahorra	0,15-0,30	0,18-0,43

Figura 1.24: Valores de porosidad e índice de poros para distintos tipos de suelo.

El índice de poros varía, normalmente, entre 0,30 y 1,30, aunque en suelos muy flojos y con materia orgánica llega a alcanzar valores de 3 o más. Cuanto mayor es este índice, hay más huecos, más flojo o blando es el terreno y mayor es su deformabilidad. Generalmente, los suelos cohesivos poseen una proporción de vacíos mucho más alta que la que es posible en suelos granulares. Esto se debe a la actividad electroquímica asociada con las partículas de mineral de arcilla, que da lugar a la formación de estructuras muy abiertas del tipo *"panel de abejas"* o similar. Los valores típicos que se toman en estos suelos están en los rangos *e*= 0,55-5,00 y *n*= 35%-83%. Como se observa, ambas propiedades *e* y *n* son parámetros adimensionales y normalmente *n* se expresa en porcentaje.

El índice de poros tiene una significación semejante a la *porosidad*, pero su utilización es más cómoda en ciertos casos ya que *e* vincula el volumen de vacíos con una magnitud constante en el tiempo para un determinado suelo (el volumen de la materia sólida, supuesta no orgánica), mientras que *n* lo hace con un valor que varía en el tiempo debido a cargas, desecamiento o humectación. Por ejemplo, a medida que un suelo presenta contracción o hinchamiento, su volumen total es variable, en tanto que el volumen de las partículas permanece constante. Por ello, tanto el numerador como el denominador de la expresión que nos proporciona la *porosidad* son cantidades que varían, mientras que en la expresión del *índice de poros* el denominador es el mismo para un suelo determinado. Esta es la razón por la que, en la práctica, se trabaja casi siempre con la *relación de vacíos* y no con la *porosidad*. No obstante, existe una relación entre ambas que se deduce fácilmente, adoptando el valor unidad para el volumen de sólidos en un caso y tomando unitario el volumen de la masa total de suelo en el otro. Esta relación se expresa a continuación.

$$n = \frac{e}{1 + e}$$

O bien:

$$e = \frac{n}{1 - n}$$

En la figura 1.25 se ilustra esta relación.

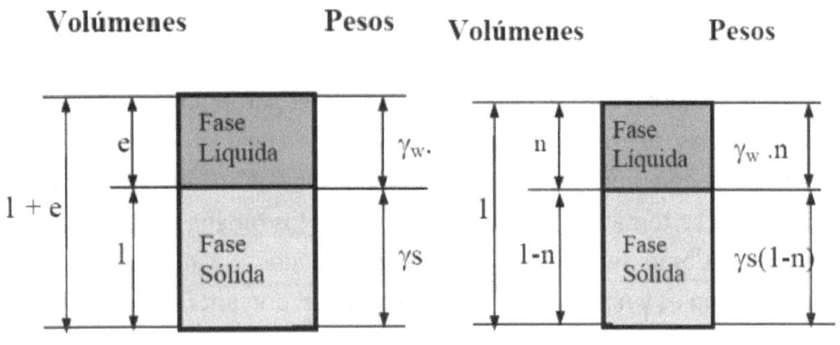

Figura 1.25: Relación entre la porosidad y el índice de poros.

La mayoría de los suelos son de tipo sedimentario, cuyo agente de sedimentación puede ser, en general, bien el agua o bien el aire. El *índice de poros* en estas sedimentaciones varía dentro de muy amplios límites; por una parte, con la altura de caída y, por otra, con la intensidad de sedimentación. Una velocidad de caída pequeña conduce a una porosidad grande, pues los granos carecen de la energía suficiente para apretarse unos contra otros. En cambio, una fuerte velocidad de caída, si está combinada con una pequeña intensidad de sedimentación, proporciona las porosidades más pequeñas porque las partículas han tenido tiempo suficiente para apretarse unas contra otras.

La *porosidad* de una masa estable cohesiva de esferas iguales depende de la forma en que están dispuestas. Según *Terzaghi,* en la disposición más densa posible (esferas ordenadas en un arreglo cúbico con seis puntos de contacto por esfera), la porosidad es igual al 26% y la relación de vacíos 0,35 (valores mínimos); en el estado más suelto (partículas esféricas ordenadas en un arreglo rómbico con doce puntos de contacto) la porosidad es igual al 47,6% y la relación de vacíos 0,91 (valores máximos).

Los rangos de variación de la *porosidad* y de la *relación de vacíos* de un depósito natural de arena dependen de la forma de los granos y de la uniformidad de su tamaño, además de las condiciones de sedimentación. Esto es, de la organización de las partículas en el esqueleto del suelo. Su variación se extiende del 25% al 50% para la porosidad, encontrándose los valores extremos obtenidos en la práctica para suelos granulares notablemente limitados por los valores teóricos. Los rangos típicos en arenas bien graduadas son e= 0,43-0,67 y n= 30%-40% y en arenas de tamaño uniforme e= 0,51-0,85 y n= 34%-46%.

Como la forma y tamaño de las partículas tienen una gran influencia sobre la porosidad y la compacidad y, por ende, sobre la relación de vacíos, está claro que estos valores no proporcionan una indicación precisa sobre si un suelo en su estado natural se encuentra en estado suelto o denso, es decir, no proporcionan información sobre el *estado de densidad* en que se encuentra el suelo. Dicha información puede obtenerse solamente por comparación entre la *relación de vacíos* de un suelo dado en su estado natural "in situ" en el terreno, y las *relaciones de vacíos* de ese mismo suelo en sus estados más denso y más suelto posibles.

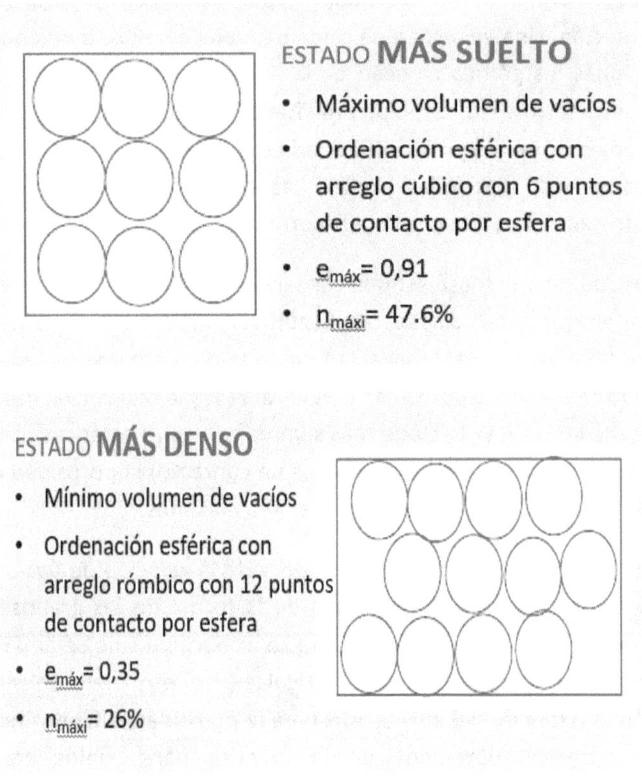

Figura 1.26: Relación entre la porosidad y el índice de poros en un suelo ideal según Terzaghi.

El *estado de densidad* de un suelo granular puede expresarse numéricamente por medio del *índice de densidad* también conocido como *densidad relativa* o *índice de compacidad.* La *densidad relativa* de un suelo granular tiene un significado bien definido, ya que su valor es prácticamente independiente de la presión estática a la que el material está sometido. Depende principalmente de la sedimentación y compactación que haya experimentado el suelo. Su expresión matemática es la siguiente:

$$I_D = \frac{e_{máx} - e}{e_{máx} - e_{mín}}$$

Siendo:

e_{max}: índice de poros en el estado más suelto o más flojo (estado menos denso del suelo).

e_{min}: índice de poros en el estado más compacto o menos flojo (estado más denso del suelo).

e: índice de poros del suelo en su estado natural "in situ" en el terreno.

Por el contrario, el *grado de densidad de las arcillas* y de otros suelos cohesivos depende de forma primordial de las cargas soportadas por los mismos, esto es, del nivel de compactación y, en algunos casos, de la velocidad de aplicación de esas cargas. Por ello, el grado de densidad de los suelos cohesivos se refleja de forma más clara por medio de la *consistencia relativa* o *índice de consistencia,* que constituye una magnitud análoga a la *densidad relativa* de los suelos no coherentes y que definiremos en un capítulo posterior.

Humedad natural

La cantidad de agua que existe en un suelo en su estado natural se conoce como *humedad natural* y se designa con el símbolo *w*. Es una propiedad física del suelo, que se obtiene de manera sencilla y que resulta ser de gran utilidad, ya que tanto el comportamiento y como la resistencia de los suelos están regidos por la cantidad de agua que contienen. Su determinación es de gran importancia en los suelos cohesivos, puesto que influye sobre la capacidad de compactación, la cohesión, la consistencia, los cambios de volumen, así como sobre la estabilidad y la capacidad portante del terreno.

Esta magnitud *w* es una relación gravimétrica definida como la relación entre el peso del agua y el peso de la materia sólida de un volumen dado de suelo. En la mayoría de los casos se expresa en porcentaje.

$$w = \frac{P_w}{P_s} \times 100 = \frac{m_w}{m_s} \times 100$$

La humedad natural de un suelo varía dentro de unos límites bastante amplios. En suelos granulares suele variar entre 5%-8% (en una arena húmeda oscila entre 2% a 10%) y de 20% a 60-70% en suelos arcillosos. En algunos suelos orgánicos y de marisma alcanza valores de 300-400%.

Grado de saturación

El *grado de saturación* S_r indica la cantidad de agua que contiene el suelo. Se define como el porcentaje de vacíos de un suelo ocupados por el agua. Ello significa la relación entre el volumen de agua de un suelo frente al volumen de vacíos (aire más agua). Representa la relación entre el peso del agua que contiene la muestra y el que contendría si estuviera saturado.

$$S_r = \frac{V_w}{V_v} \times 100$$

Los valores del grado de saturación para distintos estados de humedad del suelo se indican en la tabla de la figura 1.27. Como se puede apreciar, su rango de variación está entre 0 (caso de un suelo seco) y 100 (caso de un suelo totalmente saturado de humedad).

GRADO DE SATURACIÓN	ESTADO DEL SUELO
0	Seco
0,25-0,50	Húmedo
0,75-1,00	Casi saturado
1,00	Saturado

Figura 1.27: Valores del grado de saturación en función del contenido de humedad del suelo.

El grado de saturación S_r se relaciona con el índice de poros e a través de la siguiente expresión:

$$S_r = \frac{e_w}{e} \times 100$$

donde e_w representa el volumen de agua del suelo en relación al volumen de sólidos. También el grado de saturación S_r está relacionado con la humedad natural w y el índice de poros e por medio de la expresión:

$$S_r = \frac{w \cdot \gamma_s}{e \cdot \gamma_w}$$

Contenido de aire

El contenido de aire es una magnitud que expresa la proporción de aire que hay en el suelo como relación entre el volumen de aire y el volumen del suelo. Se designa como A_r y normalmente se expresa en términos de porcentaje.

$$A_r(\%) = \frac{V_a}{V} \times 100 = \frac{V_a}{V_s + V_w + V_a} \times 100$$

Esta magnitud es de escasa importancia práctica. Una relación análoga es el *grado de saturación de aire* que tiene la siguiente expresión:

$$G_A = \frac{V_a}{V_v} \times 100$$

Peso específico y densidad

En general, el *peso específico* se define como la relación entre el peso y el volumen. Las mismas expresiones que obtengamos para el *peso específico* son extensivas para la *densidad*, que se define como la relación entre la masa y el volumen. Dado que el peso está relacionado con la masa a través de la gravedad, resulta que el *peso específico* es igual a la *densidad* multiplicada por la aceleración de la gravedad. Al peso específico se designa por la letra γ y tiene dimensiones de [Fuerza/Volumen]. Para la densidad se utiliza la letra ρ; sus dimensiones son [Masa/Volumen]. El peso específico referido al peso específico del agua destilada a 4ºC y una atmósfera de presión se conoce como *peso específico relativo* y es una magnitud adimensional.

En Mecánica del Suelo, normalmente se distinguen diversos tipos de pesos específicos en función del estado que se considere se encuentra el suelo estudiado. Estos pesos específicos son el peso específico del agregado sólido, peso específico del suelo seco, peso específico del suelo saturado, peso específico del suelo con grado de saturación S_r y peso específico del suelo sumergido. Además, también se emplean los pesos específicos de la fase sólida del suelo (peso específico de las partículas sólidas) y el de la fase líquida (peso específico del agua). A continuación, se concreta el concepto de cada uno de estos tipos de pesos específicos.

Peso específico aparente

Se denomina *peso específico "in situ", aparente* o *húmico* del suelo o del agregado sólido al peso del agregado, suelo más agua, por unidad de volumen total del mismo en su estado natural en el terreno:

$$\gamma = \frac{P}{V} = \frac{P_s + P_w}{V_s + V_w + V_a}$$

Suele variar entre 15 y 21 kN/m^3.

Peso específico de las partículas sólidas

El peso específico de las partículas sólidas es el peso de las partículas minerales que integran la estructura sólida del suelo por unidad de volumen de materia sólida de las mismas. Es el valor medio de los pesos específicos que corresponden a las diversas partículas.

$$\gamma_s = \frac{P_s}{V_s}$$

El conocimiento de su valor es necesario para el cálculo del índice de poros y la porosidad. Suele alcanzar valores del orden de 25 a 27 kN/m^3. Para la arena, el valor medio de los pesos específicos de las partículas es de 26,5 kN/m^3; para los limos varía entre 26,8 y 27,0 kN/m^3 y para las arcillas oscila entre 27,0 y 28,0 kN/m^3. En algunos suelos volcánicos con minerales de hierro, alcanza valores de 30-31 kN/m^3; en otros suelos volcánicos y en depósitos eólicos se alcanzan valores de 6 a 13 kN/m^3.

Peso específico seco

El peso específico del suelo seco es el peso específico del suelo cuando está completamente seco. En este caso el grado de saturación S_r es cero y el peso del agua, por consiguiente, también. Su expresión es la siguiente:

$$\gamma_d = \frac{P_S}{V}$$

Peso específico saturado

El peso específico del suelo saturado corresponde al caso en que el grado de saturación S_r es del 100% y los huecos de la estructura del suelo están todos llenos de agua.

$$\gamma_{Sat} = \frac{P}{V}$$

Peso específico saturado con grado de saturación S_r

El peso específico del suelo con grado de saturación S_r corresponde al caso en que no todos los vacíos están llenos de agua.

$$\gamma_{S_r} = \frac{P}{V}$$

Peso específico sumergido

Cuando el suelo está situado por debajo de la capa freática, se encuentra en condiciones de un sólido sumergido. Los cuerpos sumergidos en agua pesan menos que en el aire a causa del efecto del empuje dado por la Ley de Arquímedes. El peso específico del suelo en estas condiciones se conoce como peso específico sumergido y se designa como γ`:

$$\gamma' = \frac{P}{V} = \frac{P_s - Empuje}{V} = \frac{P_s - V_s \cdot \gamma_w}{V}$$

Principales relaciones entre propiedades físicas

De todas las relaciones vistas hasta el momento, sólo existen algunas de cálculo inmediato bien en el campo, bien en el laboratorio, utilizando procedimientos standard. Normalmente, lo que se puede medir son los pesos y los volúmenes; los primeros directamente en balanzas y los segundos geométricamente o por desplazamiento de un fluido. De esta forma, obtendremos el peso de la masa de suelo y el peso de las partículas sólidas y los volúmenes que ocupan la masa del suelo y las partículas sólidas. A partir de dichos pesos y volúmenes obtendremos las magnitudes básicas siguientes: Humedad natural, peso específico aparente del suelo y gravedad específica de las partículas sólidas. Las otras propiedades se determinan mediante cálculos matemáticos sencillos. En el cuadro de la figura 1.28 se indican las relaciones matemáticas entre las magnitudes físicas que tienen más uso en Ingeniería del Terreno.

RELACIÓN	EXPRESIÓN
Entre w, S_r, e y G_s	$\omega = \frac{S_r \cdot e}{G_s}$
Entre γ_{ap}, w y e	$\gamma_{ap} = \gamma_s \cdot \frac{1+\omega}{1+e}$
Entre γ_{ap}, G_s, S_r y e	$\gamma_{ap} = \frac{G_s + S_r \cdot e}{1+e} \cdot \gamma_\omega$
Entre γ_{ap}, γ_d y w	$\gamma_{ap} = \gamma_d(1+\omega)$
Entre γ_d y e	$\gamma_d = \frac{\gamma_s}{1+e}$
Entre γ_{Sat} y e	$\gamma_{Sat} = \frac{\gamma_s + \gamma_\omega \cdot e}{1+e}$
Entre γ_{Sat} y γ\`	$\gamma\grave{} = \gamma_{Sat} - \gamma_\omega$

Figura 1.28: Relación entre las distintas propiedades físicas de los suelos.

Ensayos para determinar las propiedades elementales de los suelos

Para determinar las propiedades elementales de los suelos, que definen su estado real, se realizan ensayos de laboratorio sobre muestras inalteradas obtenidas en campo. Dichas muestras conservan la estructura auténtica del suelo. También se pueden determinar estas propiedades directamente en el terreno, mediante métodos convencionales o empleando métodos nucleares.

Los procedimientos y métodos de ensayo utilizados, tanto en la determinación en laboratorio como en campo según ensayos normalizados, se describen a continuación.

Determinación de la humedad natural

Ensayo de laboratorio

En Geotécnica e Ingeniería Civil el contenido de agua se determina experimentalmente en el laboratorio empleando el método de secado al horno. Dicho método consiste en pesar la muestra antes y después de secada en estufa a una temperatura de 105 °C durante 24 horas hasta peso constante. Tras el secado, el resultado obtenido se debe a la evaporación total del agua intersticial, a la evaporación parcial del agua absorbida y a la evaporación muy débil del agua de constitución. Cuando se ensayan limos y arcillas, se deben tomar de 30 a 50 gramos de suelo como muestra; en el caso de arenas y gravas, de 1 a 3 kilogramos.

El procedimiento de cálculo a seguir es el siguiente: si P_2 es el peso del suelo más agua más recipiente, esto es, el peso de la muestra con su humedad natural más el peso del recipiente, P_3 el peso del conjunto después de secado en la estufa (suelo seco más tara o recipiente) y P_1 el peso del recipiente, la humedad natural w se calcula mediante la expresión:

$$w = \frac{P_2 - P_3}{P_3 - P_1}$$

El procedimiento de ensayo por el método de secado al horno está normalizado según norma UNE 103-300-93; correspondencia con otras normas: BS 1377-1975, ensayo 1; ASTM D-2216-80 y NTL 102/72.

Ensayos de campo

Entre los métodos empleados en campo, destaca el del *"Baño de arena" (B.S.),* mediante el cual se determina la humedad del suelo desecándolo en un baño de arena, calentándolo por una llama de gas o de petróleo. Un segundo método es el del *"Picnómetro",* en el cuál la muestra se coloca en un frasco que posteriormente se llena de agua, desalojando el aire por agitación. Este método presenta varios inconvenientes, como son la necesidad de conocer el peso específico de la muestra y la dificultad de conseguir gran precisión en los suelos de grano fino, por lo que se limita a suelos de grano grueso, gravas y arenas. Por último, está el *"Método del alcohol etílico",* en el cual se consigue la evaporación del agua por sucesivas adiciones de alcohol hasta la saturación de la muestra, que se prende en cada adición. Tanto este método como el método del *"Baño de arena"* tienen el inconveniente de eliminar, además de la humedad natural del suelo, parte del agua unida químicamente, así como la totalidad de la materia orgánica. Todo ello introduce errores superiores a los que se deben admitir. Existen otros métodos de campo, pero su uso es muy infrecuente.

También se puede recurrir a los métodos nucleares para determinar de una forma rápida la humedad natural de un suelo en campo. Estos métodos utilizan neutrones de alta energía. Si un haz de neutrones rápidos de alta energía atraviesa un suelo, la pérdida de energía de un neutrón al chocar con un átomo es máxima cuando se trata de un átomo de hidrógeno. Esto se deduce de las leyes de la mecánica, puesto que el neutrón y el átomo de hidrógeno tienen, aproximadamente, la misma masa. Así pues, el número de neutrones lentos, resultantes de un haz primitivo de neutrones rápidos que ha atravesado el suelo, dependerá de la cantidad de hidrógeno y, por tanto, de la cantidad de agua presente. Si el suelo contiene materia orgánica, el hidrógeno presente en dicha materia puede contribuir a la producción de neutrones lentos y conducir, por tanto, a un error en los resultados. Otros elementos como el cloro, el boro y las tierras raras pueden dar origen a un efecto análogo.

Para la realización de las medidas se sitúa en el terreno una fuente de neutrones rápidos y un detector que recoge los neutrones lentos que resultan de los rápidos después de haber atravesado el suelo. Con este método, bastan solamente 10 o 15 minutos para realizar una determinación de la humedad en un punto superficial de un relleno. Además, se pueden hacer medidas en profundidad, realizando un único orificio en el que se sitúa la fuente y el detector, lo que es muy importante en suelos incoherentes situados por debajo de la capa freática, pues en ellos la toma de muestras inalteradas es extremadamente difícil.

Determinación del peso específico

Al igual que ocurre con el contenido de agua o humedad natural del suelo, el peso específico se puede realizar en el laboratorio sobre muestras inalteradas obtenidas en campo del material que se pretende estudiar. También se puede determinar en el campo, mediante métodos convencionales o empleando métodos nucleares.

Ensayo de laboratorio

En el laboratorio, el peso específico se determina calculando el peso y volumen de una muestra de suelo.

En el caso de una muestra de suelo relativamente grande y de forma aproximadamente regular para que pueda evaluarse su volumen con exactitud, el peso específico se halla pesando la muestra y dividiendo el peso por su volumen.

En el caso de suelos coherentes y muestras de forma irregular, el volumen se halla midiendo el desplazamiento que sufre la superficie del agua en una vasija al introducir la muestra en ella. Para evitar que el suelo pueda alterarse en contacto con el agua, se recubre la muestra con parafina. Al volumen de agua desplazada se le resta el volumen de la parafina, que se determina a partir de su peso y peso específico. El volumen también se puede calcular hallando el peso sumergido de la muestra recubierta de parafina. El volumen de un trozo pequeño de suelo coherente se puede estimar sumergiéndolo en agua y midiendo a continuación el volumen desalojado.

Para calcular el peso específico seco se halla, en primer lugar, el volumen por uno de los métodos expuestos. A continuación, se seca el suelo en estufa a 110$\pm$ 5°C y se pesa en una báscula de precisión. Dividiendo este peso por el volumen anteriormente calculado, tendremos la magnitud deseada.

Ensayos de campo

El peso específico del suelo también se puede determinar por medio de métodos nucleares, con los que bastan solamente 10 o 15 minutos para realizar una determinación de la densidad en un punto superficial de un relleno. Son, por tanto, métodos rápidos que permiten, además, estimaciones en profundidad. Esto último es muy importante en suelos incoherentes situados por debajo de la capa freática pues, como ya se ha indicado anteriormente, en ellos la toma de muestras inalteradas es extremadamente difícil.

Para la determinación del peso específico de un suelo se emplean radiaciones electromagnéticas gamma de energía intermedia. Cuando uno de estos fotones γ choca con un electrón que no esté firmemente sujeto al núcleo, el primero comunica parte de su energía al segundo, al mismo tiempo que cambia su trayectoria. Es el llamado *efecto Compton.* La probabilidad de que este choque se produzca aumenta, para una misma longitud de recorrido, con la proporción de electrones orbitales. Este número de electrones es proporcional a la densidad del material atravesado, a no ser que exista una abundante proporción de hidrógeno, es decir, una abundante proporción de agua. En este caso, hay que hacer una corrección que, sin embargo, no suele ser demasiado importante.

Existen dos métodos para la determinación de la densidad in situ: el *método de la retrodispersión* y el *método de la atenuación.* En el *método de la retrodispersión,* los rayos gamma que llegan al detector son los que, partiendo de la fuente, sufren una desviación hacia él por electrones del suelo. Para evitar que los fotones gamma puedan llegar directamente desde la fuente al detector a través del aire, se coloca una pantalla entre ambos que suele ser de plomo. La desviación de los fotones hacia el detector aumenta con la densidad del suelo, pero, por otro lado, la desviación de fotones fuera de la vía fuente-detector y la cesión de energía de fotones a electrones también aumenta con esta densidad. Por este motivo, los aparatos de retrodispersión precisan con frecuencia una curva de calibración para cada tipo de suelo. Este método es mucho más utilizado que el de atenuación, ya que sólo exige un orificio para medidas profundas y ninguno para las superficiales.

En el *método de la atenuación* la intensidad de la radiación recibida en el detector disminuye con la densidad del suelo. Este método es más sensible que el anterior y, además, sin pantalla requiere dos sondeos.

Determinación de la gravedad específica de las partículas sólidas

Ensayo de laboratorio

El peso específico de las partículas sólidas se puede estimar mediante el método del picnómetro. Primero pesamos el picnómetro vacío P_1, luego pesamos el picnómetro y el suelo seco P_2, a continuación, pesamos el picnómetro más el suelo seco más el agua P_3 y, por último, el picnómetro lleno de agua P_4.

El resultado viene dado por la siguiente expresión:

$$\gamma_s = \frac{P_2 - P_1}{P_4 - P_1 - P_3 + P_2} \cdot \gamma_w$$

Ensayos de campo

El peso específico también se puede determinar en campo. La mayoría de los procedimientos empleados consisten en excavar un agujero en el suelo de forma más o menos geométrica para determinar, en primer lugar, el peso seco del material extraído y obtener, después, el volumen que dicho material ocupaba. Para calcular el volumen del agujero pueden emplearse diferentes sistemas. El más extendido es el denominado *método de la arena*, que utiliza un recipiente con válvula y embudo (figura 1.29).

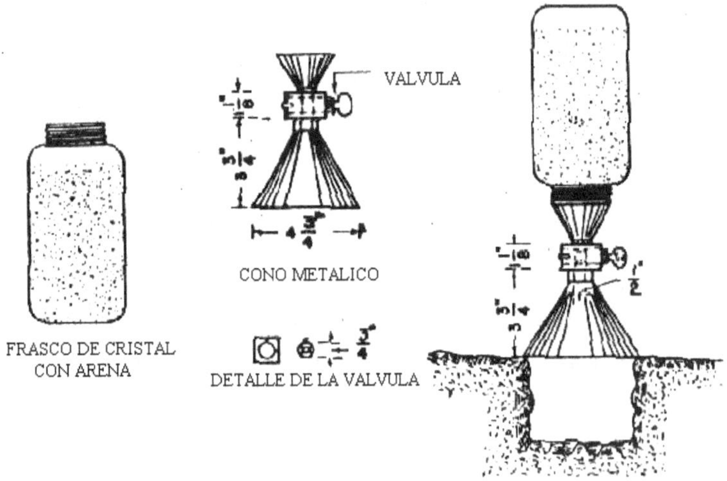

Figura 1.29: Equipo para evaluar el peso específico de las partículas sólidas.

Para encontrar el peso del recipiente, se llena de agua hasta la válvula y se halla el peso del agua. Esto entra dentro de las operaciones de calibrado. A continuación, se llena el recipiente de una arena especial, también hasta la válvula, y se halla el peso de la arena. Dividiendo el peso de la arena por el volumen del recipiente se determina el peso específico.

Se invierte el recipiente de manera que el embudo tape el agujero y se abre la válvula hasta llenar el hoyo y el embudo. Pesando la arena que sobra, se obtiene el peso de la que entró en el agujero por diferencia y, por tanto, su volumen. Si a este volumen le restamos el del embudo, que ha sido calculado en las operaciones de calibrado, hallamos el del agujero. Pesando la muestra de suelo obtenida en la perforación del hueco (normalmente conservada en parafina) y dividiendo por el volumen del hueco anteriormente calculado, se obtiene el peso específico del suelo.

Parámetros de identificación

En líneas generales, los suelos se dividen para su estudio en gravas, arenas, limos y arcillas, si bien la variedad que presentan es enorme y, de ahí, el elevado número de clasificaciones existentes. Las más utilizadas son las clasificaciones basadas en las características granulométricas, esto es, en el tamaño de las partículas del suelo, según las cuales es costumbre distinguir las distintas fracciones por el nombre de algunos tipos de suelo, como arena gruesa, limo medio, etc. Todas las clasificaciones tienen algo de arbitrario y, además, no coinciden en la especificación de los límites.

Un suelo nunca es un elemento uniforme. En la práctica consta de partículas de todos los tamaños, cuya composición tampoco es la misma para todas ellas. La dimensión de las partículas varía de 10^{-6} milímetros, o sea 10 A, a 1000 milímetros, pudiendo imaginar la relación de esas dimensiones extremas comparándolas con las dimensiones relativas de una bola de billar y nuestro planeta. Por ello, las clasificaciones de los suelos deben entenderse como un concepto estadístico en el cuál las partículas de un determinado tamaño, que existen en mayor proporción en ese suelo, van a condicionar las propiedades y comportamiento del mismo.

CLASE DE SUELO	PROPIEDADES	IMAGEN
GRAVAS	Permeables Buen drenaje No plásticas	
ARENAS	Permeable. Buen drenaje. No plásticas No presenta succión ni entumecimiento	
LIMOS	Inertes. Muy poco plásticos. Susceptibles a la helada. Succión, retracción y entumecimiento en pequeña escala.	
ARCILLAS	Poca permeabilidad, difícil drenaje. Propiedades cohesivas y plásticas. Presentan consolidación, succión, entumecimiento y retracción. No susceptibles a las heladas.	

Figura 1.30: Principales propiedades mecánicas de los suelos según su clasificación.

Así, cuando hablamos de un suelo arcilloso o de una arcilla, queremos decir que sus propiedades plásticas son las características para este tipo de suelo. En ese conjunto aparecerán partículas de todos los tamaños, incluso gravas, pero su comportamiento y porcentajes nos llevan a clasificarlo e identificarlo como ese tipo de suelo.

Granulometría de los suelos

Dado que el comportamiento geotécnico del suelo está condicionado por la clase de partículas que lo componen, es importante, por consiguiente, conocer la cantidad de los distintos tamaños de partículas que contiene una muestra, así como sus proporciones y porcentajes. Esta operación constituye lo que se conoce como *análisis granulométrico* y se realiza separando los diferentes tamaños de acuerdo con su dimensión media, utilizando el tamizado para los tamaños superiores a 0,02 milímetros y la sedimentación para los inferiores.

El objeto del *análisis granulométrico* es estudiar el tamaño de las partículas del suelo, obtener la distribución granulométrica y medir la importancia relativa de cada fracción de suelo de dimensiones bien definidas: elementos gruesos, gravas, arenas, limos, arcillas. Hay que señalar, no obstante, que en la práctica esta clasificación de las partículas de suelo por tamaños es difícil de realizar con exactitud, debido a los propios métodos operatorios y a la forma de las distintas partículas, puesto que unas son más o menos cilíndricas en tanto que otras, como las arcillas, son laminares.

Análisis por tamizado

Para clasificar las partículas gruesas, es decir, las partículas cuyo tamaño sea superior a 0,074 milímetros, el método más adecuado es el del *tamizado,* que utiliza para ello mallas normalizadas (figura 1.31).

La primera serie de tamices normalizados fue la de Tyler, que se basaba en tomar como punto de partida la malla que tenía 200 hilos por pulgada lineal. Los tamices de luz de malla superior o inferior se deducían en progresión geométrica, multiplicando o dividiendo sucesivamente por la raíz cuarta de dos. Posteriormente, han ido apareciendo toda una serie de normas sobre tamices, tales como la ASTM en Estados Unidos, BSS en Inglaterra, las DIN en Alemania, la AFNOR en Francia y la UNE en España. También existe una norma internacional ISO.

Figura 1.31: Tamices.

En nuestro país los tamices más utilizados son los de la serie ASTM y UNE, cuyas luces de malla están en una progresión casi geométrica. En la ASTM, el tamiz 200 tiene una luz de malla de 74 μm. La serie de tamices UNE normalizados en España tiene separaciones que van siguiendo una progresión geométrica de razón 21/3, lo que quiere decir que entre un tamaño y el doble existen tres tamices y cada diez tamices se tiene un tamaño diez veces mayor.

Para realizar el ensayo hay que partir de un peso adecuado del material, tanto mayor cuanto más grueso sea, y tomado con arreglo a las normas de desmuestre para que sea realmente representativo. Previamente, la muestra ha de ser desecada en estufa a 110±5º C hasta peso constante, operación que tiene por objeto determinar el peso exacto de la misma en estado seco. A continuación, se procede al tamizado propiamente, utilizando mallas cuadradas en posición de cribado horizontal. Elegidos los tamices adecuados de la norma que se vaya a utilizar, se forma con ellos una columna, ya que están construidos de manera que encajen unos con otros, de forma que el de luz de malla mayor esté en la parte superior y progresivamente vaya disminuyendo hasta la inferior, colocando un fondo ciego debajo para recoger el producto que pase por el último tamiz. El conjunto se coloca en una tamizadora vibratoria (figura 1.32) que le somete a un movimiento horizontal y vertical que posibilita el paso de los granos. Transcurrido un tiempo adecuado, dependiendo de la finura del material, y suficientemente largo para asegurar que prácticamente todos los granos inferiores a la luz de malla han pasado, se para la máquina y se desmonta la columna pesando las cantidades retenidas o *rechazos* que quedan sobre cada tamiz. Por definición, el tamaño de una partícula es igual a la abertura interior de la malla del menor tamiz que permite su paso.

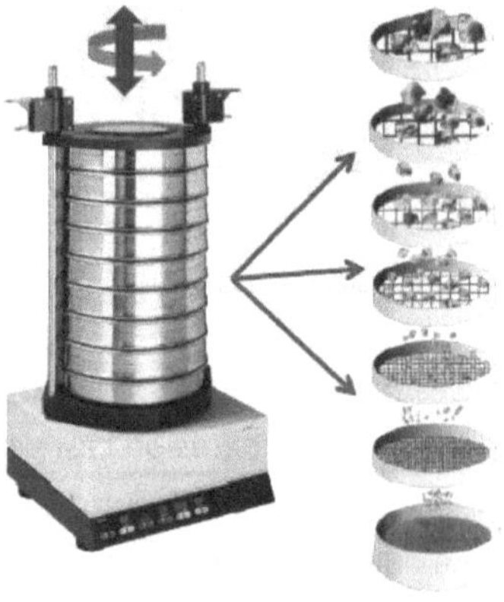

Figura 1.32: Tamizadora vibratoria y columna de tamices.

El tamizado puede realizarse en seco o por vía húmeda, según el tipo de suelo, más o menos cohesivo, de que se trate. El tamizado en seco sólo es preciso para los materiales sin cohesión, como arenas y gravas. Cuando estamos ante un suelo limoso o arcilloso hay que recurrir al tamizado con agua. Debemos entonces disolver el terreno sometiéndolo a la acción del agua durante un tiempo suficiente que permita la desagregación de los terrones y aglomerados de tierra y cantos. Esta operación puede durar desde varios minutos a varias horas. Después de tamizado, se mete de nuevo el tamiz y todos sus desechos en la estufa antes de hacer las pesadas.

Con el tamizado lo que se determina es el peso de la cantidad retenida por los distintos tamices. Por consiguiente, la fracción que pasa un determinado tamiz es la suma de todas las fracciones de tamaño inferior al ancho de malla de dicho tamiz. Por otra parte, la fracción del total de diámetro superior a un determinado tamiz es, siguiendo el método operativo, la suma de las fracciones retenidas por él y por los tamices superiores, puesto que las partículas que retiene un tamiz serían, asimismo, retenidas por un tamiz más fino.

Tamices	**Abertura (mm)**	**Retenido tamiz (g)**	**Cernido tamiz (g)**	**Cernido (%)**
3/8"	9,52			
n.4	4,76			
n.16	1,18			
n.40	0,42			
n.70	0,210			
n. 200	0,074			

Figura 1.33: Tabla de recogida de datos y resultados de análisis granulométrico por tamizado.

La recogida de datos del laboratorio y los resultados de los cálculos se presentan en forma de tabla (figura 1.33). La forma más usual de la tabla de cálculo consiste en situar en la primera columna los tamices por orden decreciente, en la segunda la abertura de malla que corresponde al tamiz, en la tercera el peso del rechazo sobre cada tamiz, la siguiente contiene los pasos o cernidos de cada tamiz, que se obtienen como diferencia entre el paso del tamiz anterior y lo retenido por dicho tamiz; y, por último, la quinta contiene el porcentaje de paso o cernido de cada tamiz, que se calcula simplemente como cociente entre el cernido del tamiz y el peso total de la muestra multiplicado por cien.

Análisis por sedimentación

A medida que disminuye el tamaño de las partículas, aumentan las dificultades para conseguir una clasificación por tamizado que presente cierta garantía. Por otra parte, tampoco es fácil conseguir la fabricación de tamices de finura indefinida. Por todo ello, se considera que cuando las partículas son inferiores a 100 micras, el *tamizado* no es posible, por lo que es preciso recurrir a la *sedimentación* para separar los diferentes tamaños y obtener la distribución granulométrica.

Este método se basa en la *ley de Stokes*. Consiste en estimar el porcentaje de un determinado tamaño de partículas del suelo en función de su velocidad de sedimentación en un líquido según aquella ley. El fundamento está en que los granos de distinto diámetro sedimentan en un líquido en reposo a velocidades diferentes. La relación entre diámetro de grano y velocidad de sedimentación viene dada por la *ley de Stokes*. Como esta relación se ha obtenido para granos de forma esférica, teniendo en cuenta la gran variedad de formas que presentan los granos, hay que aplicar el concepto de *diámetro equivalente* cuando se trata de partículas de suelo. El *diámetro equivalente* de una partícula será igual al diámetro de una esfera que cae a través de un líquido a la misma velocidad que lo hace la partícula. La expresión de la *ecuación de Stokes,* que relaciona el radio de la partícula, su peso específico y la velocidad límite con que cae a través de un líquido de viscosidad conocida bajo la acción de la gravedad, es la siguiente:

$$v = \frac{d}{t} = \frac{(\gamma_s - \gamma_l) \cdot D^2}{18\,\eta} = \frac{2 \cdot (\varphi_s - \varphi_l) \cdot g \cdot r}{9\eta}$$

donde:

V: velocidad de caída de la partícula

d: distancia recorrida en el tiempo

γ_s: peso específico de la partícula

ρ: densidad del líquido

g: aceleración de la gravedad

D: diámetro de la partícula

r: radio de las partículas

Se trabaja sobre una suspensión que, en el momento de iniciar el ensayo, es homogénea, destruyéndose esta homogeneidad por la decantación de las partículas, de tal modo que en un instante dado la densidad de la suspensión no es constante, sino que varía con la profundidad.

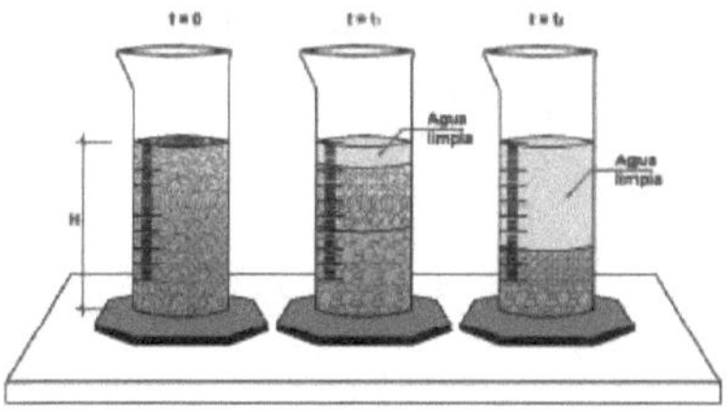

Figura 1.34: Sedimentación de las partículas de suelo en una suspensión.

Este es el fundamento de los métodos de análisis para determinar la granulometría de un suelo por sedimentación. Los principales son el *método de la pipeta* y el del *densímetro*. Esencialmente son muy similares, si bien el segundo es más utilizado por ser el de la *pipeta*, aunque más exacto, mucho más complicado y caro.

TIEMPO (s)	CENTRO GRAVEDAD DEL DENSÍMETRO (cm)	MEDIDA DENSÍMETRO	TAMAÑO PARTÍCULA (mm)	p (%)	% p
30					
60					
120					
240					
960					
3840					
7680					
15360					

Figura 1.35: Tabla de recogida de datos y de resultados de análisis por sedimentación.

La recogida de datos del laboratorio y los resultados de los cálculos se presentan en forma de tabla (figura 1.35). En la tabla de cálculo más usual se sitúa en la primera columna los tiempo normalizados en que se introduce el densímetro en la suspensión para cada medida; en la segunda se sitúa la posición del centro de gravedad del bulbo del densímetro; en la tercera la medida de densidad R; en la cuarta el tamaño de las partículas; en la quinta el porcentaje de partículas de tamaño inferior a ese tamaño que hay en la suspensión y, en la última, el porcentaje de partículas de tamaño inferior al que hay en el cernido del tamiz 200 de la serie ASTM.

Curva granulométrica

Para obtener la distribución granulométrica se separan los diferentes tamaños, utilizando el tamizado para los superiores a 100 micras (tamiz número 200 de la serie ASTM) y la sedimentación para los tamaños inferiores. Los resultados del análisis granulométrico se representan gráficamente mediante una *curva granulométrica.*

La representación gráfica más usual utiliza el eje de abscisas para los tamaños o diámetro de las partículas y el eje de ordenadas para los porcentajes en peso de las distintas fracciones correspondientes a los pasos o rechazos de los diferentes tamices. No obstante, la representación también puede ser al contrario.

Normalmente el eje de abscisas, que representa los tamaños, se escoge en escala logarítmica con objeto de obtener una representación más clara y precisa tanto en los tamaños gruesos como en los finos, pues al estar los tamices en progresión geométrica, o casi geométrica, en esta escala los tamaños quedan igualmente espaciados. Los porcentajes del material que pasa por cada tamiz se representan en escala normal en el eje de ordenadas.

Habitualmente, en los gráficos utilizados se distinguen dos escalas en ordenadas: la de la derecha, en la que tenemos el porcentaje acumulado del peso de la cantidad retenida (rechazo de cada tamiz), y la de la izquierda, en la que se tiene el porcentaje acumulado de cernido (material que pasa por cada tamiz).

La *curva granulométrica* de un suelo es la curva acumulada de los porcentajes retenidos o pasantes por cada tamiz (figura 1.36). Esta curva granulométrica, denominada también *curva granulométrica acumulativa,* en la que el eje de ordenadas representa los porcentajes acumulados, nos da para cada diámetro *D* los pesos de las partículas de este tamaño y de tamaño inferior.

A partir de la curva granulométrica se conocen las cantidades acumuladas de un determinado tamaño, esto es, la granulometría mayoritaria o tipo de suelo principal y los componentes eventuales, lo cual es útil para su clasificación. Asimismo, a partir de la forma y de la pendiente de estas curvas acumulativas es posible estimar la uniformidad de los granos y deducir si un suelo es muy uniforme o, por el contrario, está bien clasificado.

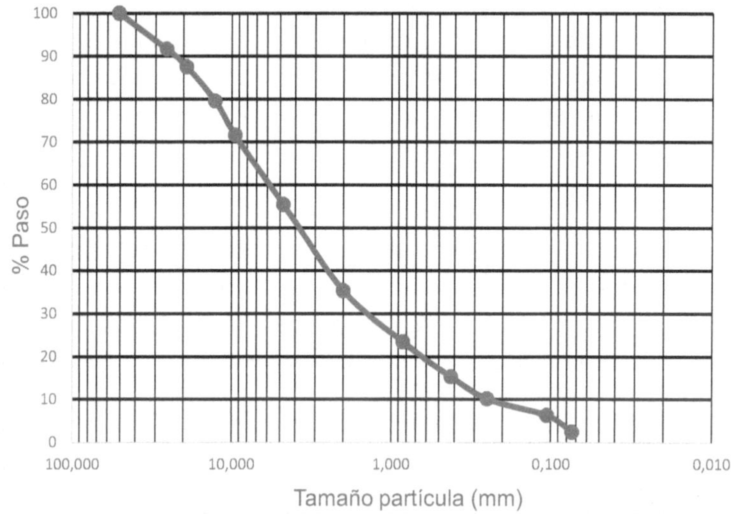

Figura 1.36: Curva granulométrica de un suelo.

Para conseguir una distribución de las dimensiones de las distintas partículas se utiliza la representación gráfica que se conoce con el nombre de *curva distributiva, de frecuencia o histograma*. Esta representación permite observar las cantidades de material de un determinado tamaño. La curva así definida se obtiene llevando en ordenadas los rechazos parciales de los distintos tamices o, lo que es lo mismo, los porcentajes de material de un diámetro determinado. En abscisas se representan los diámetros en escala logarítmica.

Coeficientes granulométricos

Con carácter general, se pueden definir unas magnitudes derivadas de estas curvas, más o menos tomadas al azar, que se pueden considerar como valores característicos del suelo y que constituyen una representación simplificada de la granulometría, evidentemente más fácil de manejar que la curva granulométrica. Estos coeficientes permiten fácilmente medir la uniformidad y la gradación de las partículas del suelo. No obstante, estos coeficientes no siempre pueden emplearse con éxito en todos los problemas donde la granulometría desempeña un cometido y, por ello, hay que tener presente que la curva granulométrica sigue siendo el medio más seguro para representar la granulometría. Los coeficientes más significativos son el *diámetro de Hazen*, el *coeficiente de Hazen* y el *coeficiente de curvatura*.

El *diámetro de Hazen es* la abscisa correspondiente a la ordenada 60 en la curva acumulativa, esto es, el diámetro tal que el 60% de las partículas tienen un diámetro inferior. Se le designa por D_{60} y se le llama también *diámetro eficaz*. Análogamente, se pueden definir otros diámetros característicos, variando el porcentaje señalado y así tenemos D_{10}, D_{30},.... etc.

El *coeficiente de Hazen expresa* numéricamente la uniformidad de los granos. Se admite que la permeabilidad de un suelo depende, en primera aproximación, de este coeficiente y del diámetro eficaz. Se define como la relación entre el diámetro eficaz y el diámetro tal que el 10% de las partículas tienen un diámetro inferior, esto es:

$$C_u = \frac{D_{60}}{D_{10}}$$

También se conoce con el nombre de coeficiente de uniformidad o índice de heterogeneidad.

Cuanto más cerrada es la granulometría, más pronunciada es la pendiente de la parte central de la curva granulométrica. Por ello, según que este coeficiente sea más o menos próximo a uno, hablaremos de granulometría abierta o cerrada. Hay que hacer notar que la definición del límite a partir del cual se puede considerar que una granulometría es abierta varía según los autores. Caquot y Kérisel consideran que una granulometría es abierta cuando el coeficiente de uniformidad es superior a 2. Sin embargo, las normas alemanas adoptan el valor 5. No obstante, con carácter general se considera que para valores de C_u inferiores a 3 el suelo es muy uniforme.

Por otra parte, el coeficiente de uniformidad proporciona una idea sobre la capacidad de compactación de los suelos granulares, de modo que un valor superior a 15 indica suelos que admiten una buena compactación.

El *coeficiente de curvatura* es un concepto importante de aplicación más especializada que los anteriores. Se define como el cociente entre el cuadrado del diámetro D_{30} y el producto de los diámetros D_{10} y D_{60}.

$$C_c = \frac{D^2{}_{30}}{D_{60} \cdot D_{10}}$$

Los suelos bien gradados, con un amplio margen de tamaño de partículas y cantidades apreciables de cada tamaño intermedio, tienen coeficientes de curvatura comprendidos entre 1 y 3.

Límites de Atterberg

La *plasticidad* es la propiedad que permite al material sufrir deformaciones sin recuperación elástica perceptible y sin resquebrajarse ni desmenuzarse. También puede definirse como la aptitud de un suelo para cambiar considerablemente de forma, es decir, sufrir deformaciones bajo carga constante sin cambio apreciable de volumen.

La *plasticidad* es una característica propia de los suelos cohesivos, esto es, de aquellos suelos que tienen una cantidad apreciable de partículas de arcilla. Se presenta en la mayoría de los suelos arcillosos con humedad intermedia. La razón de las propiedades plásticas de las arcillas está en la película de agua que rodea sus partículas cuyo efecto lubricante permite el deslizamiento entre ellas. Esta propiedad va ligada a la forma de las partículas de arcilla, plana, alargada o laminar, que favorece que tanto el deslizamiento como la rotación de unas partículas sobre otras no necesiten de la ruptura de los enlaces, por lo cual se puede producir sin cambio de volumen.

El agua intersticial es lo que más contribuye al desarrollo de la *plasticidad*, que se atribuye a la deformación de las capas absorbidas de agua. Aunque esta agua es atraída fuertemente por las partículas de mineral de arcilla, las moléculas de agua absorbida pueden moverse con relativa facilidad a lo largo de la superficie de las partículas. Por tanto, cuando las partículas de arcilla se comprimen, la capa de agua absorbida, altamente viscosa, se deforma con elasticidad en tanto que las partículas sufren un desplazamiento relativo unas con respecto a otras.

Mientras que las arenas finas presentan un aspecto pulverulento, las arcillas, por el contrario, están formadas de pastas en las que cada grano está unido a los inmediatos por fuerzas cohesivas debidas a la presencia de capas absorbidas de agua. La consistencia que de ello resulta depende en gran parte de la humedad del material. Una arcilla completamente disuelta es un líquido, incapaz de resistir esfuerzos cortantes, mientras que existen arcillas desecadas que se comportan como verdaderos sólidos, aun cuando una u otras sean verdaderas masas pastosas susceptibles de ser moldeadas. Si está muy seca, tiene las características de un sólido muy duro, imposible de moldear y que se rompe antes de cambiar de forma.

Figura 1.37: Estados de consistencia de las arcillas.

De acuerdo a lo anterior, se distinguen tres estados en la *consistencia de las arcillas*: *estado líquido, plástico* y *sólido*. La transición de un estado a otro es muy progresiva.

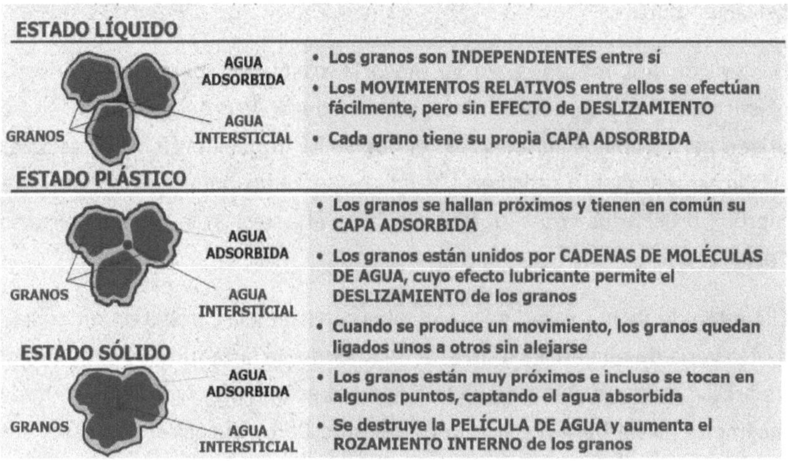

Figura 1.38: Estados de consistencia de las arcillas.

Los estados diferentes que puede presentar una muestra, según las variaciones de la cantidad de agua que tiene se explica de la manera siguiente: Cuando un suelo está saturado, cada partícula está completamente rodeada de agua y aislada de las otras. Los movimientos de las partículas son fáciles y pueden deslizar unas sobre otras. Si la cantidad de agua es todavía mayor, no hay efecto de deslizamiento, los granos son totalmente independientes entre sí con lo que su movimiento relativo se efectúa fácilmente y tendremos el estado líquido. Si el suelo contiene el agua necesaria para permitir el deslizamiento, pero sin llegar a la saturación, el agua libre disminuye, los efectos de lubricación de la película de agua aumentan y aparecen incluso tensiones capilares, dando lugar al estado plástico. En este estado, los granos se hallan próximos y tienen común su capa absorbida, estando unidos por cadenas de moléculas de agua cuyas extremidades opuestas enlazan los granos. Si continúa disminuyendo la cantidad de agua de la muestra, las partículas se unen, se destruyen las películas de agua y el rozamiento interno de las partículas aumenta. Este es el estado sólido, en el que los granos están aún más próximos unos a otros, llegando incluso al contacto en algunos puntos, captando el agua absorbida, siendo entonces importantes los rozamientos internos. Dentro de este estado todavía podemos distinguir el sólido blando del sólido duro.

Existen muchos métodos, en su mayoría arbitrarios, para determinar la plasticidad, pero el debido al ingeniero sueco Atterberg, ideado en su origen para trabajos agrícolas, es el que se ha impuesto en las principales clasificaciones por su sencillez. Los *límites* definidos por Atterberg en 1911 fueron precisados posteriormente por el ingeniero norteamericano Casagrande.

El contenido de humedad para el cual la consistencia cambia de un estado a otro varía de una arcilla a otra, dependiendo de la cantidad y del mineral de arcilla presente. Puesto que la humedad es una propiedad que se mide fácilmente, Atterberg desarrolló un método de clasificación de las arcillas en función de su estado basado en estos contenidos de humedad límites. El cambio de consistencia de un estado a otro es gradual, por lo que para satisfacer los requerimientos de un sistema de clasificación estándar fue necesario establecer límites arbitrarios entre los diferentes estados. Precisamente estos límites son los *límites de Atterberg*.

Es importante anotar que estos límites son simplemente contenidos de humedad. Los distintos estados de consistencia de un suelo y los límites de Atterberg que corresponden a cada cambio de estado son: separación entre los estados líquido y plástico, *límite líquido;* separación entre el estado plástico y el sólido blando, *límite plástico;* y separación entre el estado sólido blando y el sólido duro, *límite de retracción*.

Los límites líquido y plástico dependen de la cantidad y tipo de arcilla del suelo. El límite de retracción no es de importancia en la clasificación de los suelos.

Figura 1.39: Estados de consistencias de las arcillas en función del contenido de humedad.

Los *límites de Atterberg* se determinan en el laboratorio mediante ensayos a través de los que se determina la humedad para la cual un suelo arcilloso pasa del estado líquido al plástico y de éste al sólido. Debe recalcarse que cuando los resultados de ensayos de laboratorio sobre muestras de suelo se utilizan en el diseño de trabajos de ingeniería, las muestras deberán ser representativas e inalteradas, de tal manera que los parámetros de diseño medidos reflejen el comportamiento ingenieril del depósito en el terreno. Sin embargo, las pruebas de límites líquido y plástico se realizan sobre muestras remoldeadas de suelo y, por tanto, no puede esperarse que reflejen las características del comportamiento ingenieril, que depende de la macroestructura natural del suelo arcilloso en el terreno. La función principal de estas pruebas es proporcionar unas bases para la clasificación de los suelos arcillosos y no es la de proporcionar criterios para hacer predicciones acerca de su comportamiento ingenieril.

Por definición, el *límite líquido* de un suelo es el porcentaje de humedad con el cuál el suelo se hace suficientemente líquido para fluir en una cantidad determinada, mientras se le sacude ligeramente 25 veces en un aparato normalizado, llamado *Cuchara de Casagrande*. Es el porcentaje de agua correspondiente al paso del estado líquido al plástico (*LL*).

La *Cuchara de Casagrande* está constituida por una cuchara de bronce a la cual, mediante un mecanismo, se le imprimen choques regulares, dejándola caer desde una altura de un centímetro sobre una base plana. En la figura 1.40 se pueden ver los instrumentos de laboratorio utilizados en el ensayo para la determinación del límite líquido.

Para la realización del ensayo se toma una cantidad de la fracción de la muestra que pasa el tamiz nº 40 (ASTM), suficiente para conseguir una pasta de 150 a 200 gr. Esta pasta se obtiene amasando el suelo con agua. Colocada sobre la cuchara una muestra de la pasta, se enrasa horizontalmente de forma que se obtenga una torta lo más simétrica posible con relación al plano de simetría de la cuchara y cuyo espesor en el centro de la misma sea del orden de 15 a 20 mm. A continuación, con ayuda de un acanalador, se abre un surco que divide a la torta en dos partes aproximadamente iguales y se da vueltas a la manivela, que permite la caída de la cuchara a una velocidad de 2 golpes por segundo, anotándose el número de ellos necesario para que los bordes de la muestra se pongan en contacto en una longitud de 10 a 12 mm. Inmediatamente se toma una muestra de las proximidades del contacto y se determina su humedad.

Figura 1.40: Cuchara de Casagrande.

Si se estudia experimentalmente la relación que liga el número de golpes con la humedad, se comprueba que la curva representativa de esta relación es una recta en coordenadas semilogarítmicas (escala aritmética para la humedad y logarítmica para la que representa los golpes) cuando el número de golpes está comprendido entre 15 y 35. Para construir punto por punto esta recta, debe repetirse el ensayo tres o cuatro veces con distinta proporción de agua, de forma que se escalonen estos ensayos entre 20 y 30 golpes. La ordenada correspondiente a la abscisa de dicha recta igual a 25 golpes será el *límite líquido*, es decir, el porcentaje de humedad para el cuál el contacto entre los bordes tiene la longitud señalada al golpear la cuchara 25 veces sobre la base, en el ensayo descrito (figura 1.41).

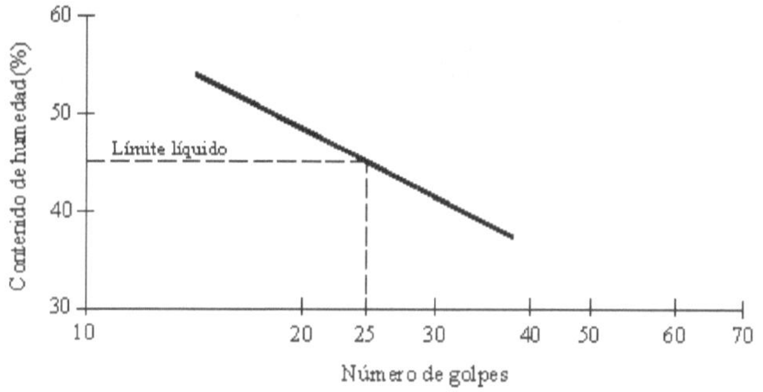

Figura 1.41: Determinación límite líquido.

El *límite plástico* es el porcentaje de humedad con el cuál se puede moldear un bastoncito de suelo sin que se rompa hasta que tenga solamente un diámetro de 3 mm. Es el porcentaje de agua correspondiente al paso del estado plástico al sólido blando (*LP*).

El procedimiento para determinar el *límite plástico* consiste en formar, con la misma pasta preparada para el límite líquido, una bola que se hace rodar entre la mano y una placa de mármol o vidrio, hasta moldear un bastoncillo cilíndrico cuyo diámetro llegue a ser 3 mm sin desmenuzarse anteriormente, pero en cuyo momento se debe deshacer en fragmentos pequeños. El porcentaje de agua en esos fragmentos es el *límite plástico*. Se deben realizar como mínimo tres determinaciones, desechándose todas aquéllas que difieran en más de un 10% del valor de la media aritmética, que es la que se toma como valor del *límite plástico*. En la figura 1.42 se muestran los aparatos utilizados para realizar la determinación del límite líquido en el laboratorio.

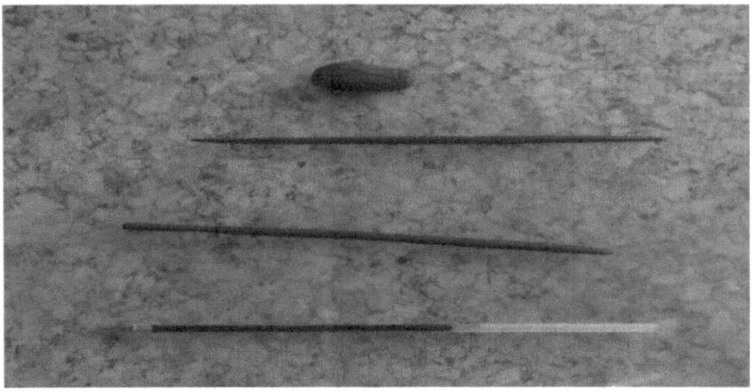

Figura 1.42: Determinación límite plástico en laboratorio.

El *límite de retracción* es la humedad límite por debajo de la cual no se producirá una retracción apreciable. Corresponde al paso del estado sólido blando al sólido duro. También puede definirse como el contenido de humedad por debajo del cual el suelo, al secarse, no disminuye apreciablemente de volumen (*LR*).

Al perder agua una arcilla saturada, el volumen disminuye y esta disminución es, inicialmente, igual al volumen del agua perdida. A partir de un cierto punto, durante el estado de desecación, el aire comienza a entrar en el suelo y el volumen decrece apreciablemente menos que el volumen de agua perdida hasta que, cuando el suelo está muy seco, los cambios en la humedad sólo ocasionan ligeros cambios en el volumen. Aunque en la práctica el cambio entre los dos estados es gradual, se puede deducir gráficamente un límite teórico a partir de la relación volumen/humedad por debajo del cual no se producirá una retracción apreciable. Esta humedad límite es lo que se conoce como *límite de retracción*.

Índices de Atterberg

A partir de los límites de Atterberg se definen una serie de índices que nos darán una idea del nivel de plasticidad del suelo. Algunos de estos conceptos importantes se obtienen mediante la comparación de los *límites de Atterberg* con la *humedad natural*. Entre otros, citaremos el *índice plástico*, el *índice de consistencia* y el *índice de fluidez*.

El *índice plástico* es la diferencia numérica entre los límites líquido y plástico. Indica el rango de variación de contenidos de humedad dentro del cual el suelo se encuentra en estado plástico (IP). Sólo depende, en general, de la cantidad de arcilla del suelo.

El *índice de consistencia* se obtiene mediante comparación de los límites líquido y plástico frente a la humedad natural que presenta el suelo en el campo y es igual a:

$$I_c = \frac{(LL - w)}{IP}$$

Este índice permite tener una idea de la estructura de una arcilla y puede tomarse como medida de la consistencia del suelo, considerándose un suelo pastoso para valores de I_c comprendidos entre 0 y 0.25; blando cuando está comprendido entre 0.25 y 0.50; consistente si está entre 0.50 y 0.75; semiduro entre 0.75 y 1 y duro si I_c es mayor que 1.

El *índice de fluidez* de un suelo es la humedad que excede del límite plástico expresada en porcentaje del índice plástico. Matemáticamente puede expresarse de la siguiente forma:

$$I_f = \frac{(w - LP)}{IP}$$

También se llama *índice de liquidez*. Define simplemente las condiciones de humedad de un suelo respecto al índice plástico. Varía entre 0 y 100 y, cuanto mayor sea I_f, el comportamiento del suelo se acerca más al de un líquido. Un valor de I_f próximo al 100% indica que la arcilla natural presenta en el campo una consistencia próxima a la que corresponde a su límite líquido, en tanto que un valor próximo al 0% indica que ésta presenta una consistencia próxima a la correspondiente a su límite plástico. La mayor parte de las arcillas naturales se presentan en el terreno en un estado plástico y por eso los valores del índice de fluidez están normalmente en el rango 0-100%. Sin embargo, es necesario destacar que el valor de este índice puede ser negativo.

Por tanto, si $LL = w$, entonces $I_f = 100$ y el suelo se comporta como un líquido; si $LL > w > LP$, entonces $0 < I_f < 100$ y cuanto mayor sea este índice más fluido será el material; si $w < LP$, entonces $I_f < 0$ y el suelo se comporta como un sólido.

Gráfico de plasticidad de Casagrande

Con sólo los datos del límite líquido e índice de plasticidad de un suelo es posible, en muchos casos, formar un juicio sobre el tipo al que pertenece su fracción fina. Para ello, uno de los procedimientos más sencillos es hacer uso del *gráfico de plasticidad de Casagrande*, ilustrado en la figura 1.43.

En este gráfico las abscisas representan el límite líquido y las ordenadas el índice de plasticidad. El gráfico está dividido en cuatro partes por una recta vertical, correspondiente a un límite líquido de 50 y por una recta inclinada definida por la ecuación:

$$IP = 0{,}73 \times (LL - 20)$$

En su parte inferior, esta línea se convierte en una banda horizontal que se extiende entre los índices de plasticidad 4 y 7.

La línea es un límite establecido empíricamente que separa las arcillas inorgánicas *CL* y *CH* (*C* inicial de *clay*, arcilla en inglés) que, generalmente, quedan en su parte superior, de los limos inorgánicos *ML* y *MH* (*M* inicial de *mo*, palabra sueca), los suelos con materia orgánica coloidal, *OL* y *OH*, y algunos otros suelos, que generalmente quedan por debajo de la línea. La letra *H* (inicial de *high*, alto en inglés) se emplea cuando el límite líquido es mayor que 50, y la letra *L* (inicial de *low*, bajo en inglés) cuando es menor que 50. En la zona rayada con *IP* entre 4 y 7 se superponen los suelos arcillosos y limosos, por lo que se emplea la doble nomenclatura *CL-ML*.

Además de los suelos enumerados, podemos indicar que las tierras diatomeas y micáceas suelen corresponder al grupo *MH,* pero a veces pertenecen al *ML*.

Una característica importante que se ha descubierto mediante el empleo del gráfico de plasticidad de Casagrande es que, al disminuir el tamaño de las partículas de una determinada especie mineralógica, aumentan el límite líquido, el límite plástico y el índice de plasticidad.

En definitiva, el *gráfico de plasticidad de Casagrande* permite clasificar la parte de finos de los suelos, en función de sus características plásticas. Separa a los grupos por su composición y por su compresibilidad.

- Por su composición:

  C: Arcillas (*Clay*).

  M: Limos (*Mo*).

  O: Orgánico.

- Por su compresibilidad:

  H: *LL*> 50 Alta compresibilidad (High).

  L: *LL*< 35 Baja compresibilidad (Low).

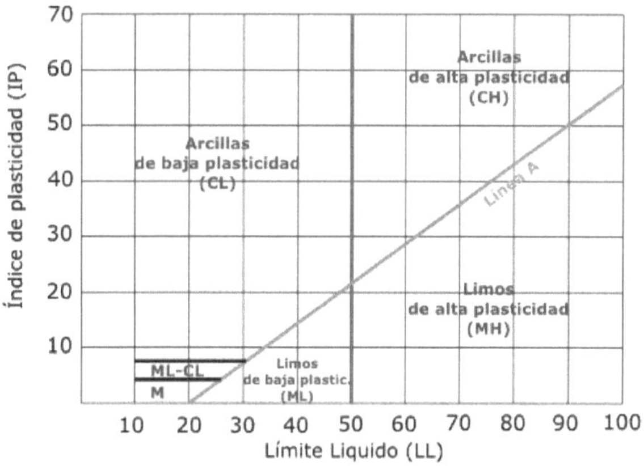

Figura 1.43: Gráfico de plasticidad de Casagrande.

Sistema de clasificación unificado de suelos (U.S.C.S.)

El sistema de clasificación de Casagrande fue realizado por el profesor Arthur Casagrande de la Universidad de Harvard, quien lo propuso en su obra *"Clasificación e identificación de suelos"* en 1942. Posteriormente, la primitiva clasificación fue ampliada por el mismo autor, dando lugar a la *"Clasificación de Casagrande modificada"*, que es la que realmente se utiliza. Hoy en día se conoce como *Sistema Unificado de Clasificación de Suelos*, cuyas siglas en inglés son USCS. Esta clasificación sólo hace referencia a las partículas de los suelos, sin tener en cuenta su estructura, compacidad o cementación.

En esta clasificación cada material aparece definido por dos letras mayúsculas, que reciben el nombre de prefijo y sufijo. El prefijo o primera letra indica el grupo principal al que pertenece el suelo, mientras que el sufijo o segunda letra señala las subdivisiones de este grupo.

Los criterios que se usan para realizar esta clasificación son la curva granulométrica, los límites de Atterberg relacionados a través del gráfico de plasticidad de Casagrande y el contenido de materia orgánica. Los tamices empleados en el análisis granulométrico son los números 4 (4,75 milímetros), 40 (0,425 mm) y 200 (75 micras) de la serie A.S.T.M.

El sistema de clasificación diferencia, en primer lugar, dos tipos de suelos, según que el porcentaje en peso de partículas que pase a través del tamiz número 200 sea mayor o menor al 50%. Se distinguen así los *suelos de grano grueso o granulares,* en los que menos del 50% en peso de partículas pasa por el tamiz número 200, de los *suelos de grano fino*, en los que el 50% o más pasa por dicho tamiz.

Los *materiales granulares* se clasifican, principalmente, tomando como base el análisis granulométrico. Se distinguen dos *grupos*, Grava y Arena. Son *Grava a*quellos suelos que del rechazo del tamiz número 200 (fracción granular), menos del 50% pasa por el tamiz número 4 de la serie ASTM. Su símbolo es *G*, inicial de *gravel*, grava en inglés. Son *Arena* los suelos que del rechazo del tamiz 200 (fracción granular), el 50% o más pasa por el tamiz 4 de la serie ASTM. Su símbolo es *S,* inicial de *sand*, arena en inglés.

Cada tipo de *material granular* tiene a su vez los siguientes *subgrupos*:

- *Bien gradado:* Suelo bien graduado, con pocos finos o sin ellos. Su granulometría se extiende regularmente en un amplio margen de tamaños, sin defecto o exceso de alguno de ellos. Pasa menos del 5% por el tamiz número 200 y, además, el *Coeficiente de Uniformidad de Hazen* es mayor de 4 para las gravas y de 6 para las arenas. El *Coeficiente de Curvatura* se encuentra comprendido entre 1 y 3. Su símbolo es *W*, inicial de *well graded* en inglés.

- *Mal gradado:* Son suelos mal graduados, con pocos finos o sin ellos. Su granulometría presenta exceso de partículas de un determinado tamaño y defecto de todas las restantes. Pasa menos del 5% por el tamiz 200. El *Coeficiente de Uniformidad de Hazen* es menor que 4 para las gravas y de 6 para las arenas y/o el *Coeficiente de Curvatura* no se encuentra comprendido entre 1 y 3. Su símbolo es *P*, inicial de *poorly graded* en inglés.

- *Con exceso de finos y ligante arcilloso*: Pasa más del 12% por el tamiz número 200. En función del límite líquido y del índice plástico, calculados para la fracción de suelo que pasa el tamiz 40 (tamaño inferior a 425 micras), los finos de este suelo se encuentran por encima de la línea del gráfico de plasticidad de Casagrande (*IP > 0,73 (LL-20)*). En estos suelos no se hace distinción entre bien o mal graduados, pues se supone que resultan más importantes las características de los finos. En consecuencia, el símbolo correspondiente al sufijo es *C*, inicial de *clay*, arcilla en inglés.

- *Con exceso de finos y ligante limoso*: Pasa más del 12% por el tamiz número 200. En función del límite líquido y del índice de plasticidad, calculados para la fracción de suelo que pasa el tamiz número 40 (tamaño inferior a 425 micras), los finos de este suelo se encuentran por debajo de la línea del gráfico de plasticidad de Casagrande (*IP< 0,73 (LL-20)*). En estos suelos tampoco se hace distinción entre bien o mal graduados, pues se supone que resultan más importantes las características de los finos. En consecuencia, el símbolo correspondiente al sufijo es *M*, inicial de *Mo*, limo en sueco.

En el sistema de Casagrande no existen límites rígidos entre los grupos de suelos, expresándose los casos intermedios (correspondientes a aquellos suelos granulares con finos en los que entre el 5 y 12% pasa el tamiz 200) por designaciones dobles, por ejemplo, *GW-GM* o *GC-GW*, *GP-GM* o *GP-GC*. El método de clasificación en este caso es el mismo que el descrito anteriormente, de forma que la primera letra del subgrupo distingue si la fracción gruesa está bien o mal graduada, mientras que la segunda letra clasifica la fracción fina en limo y arcilla.

La clasificación de los *materiales finos* se basa en las características de plasticidad, utilizando sólo los *límites de Atterberg* relacionados a través del gráfico de plasticidad de Casagrande. Se clasifican en los siguientes grupos, con su correspondiente símbolo:

- *Limos M*: Son suelos con una cantidad apreciable de la fracción que pasa por el tamiz número 200. Su límite inferior, es decir, la separación de limos y arcillas se obtiene por medio de las propiedades plásticas, límite líquido e índice plásticos situados por debajo de la línea del gráfico de plasticidad de Casagrande (*IP < 0,73 (LL-20)*). Su tacto no es arenoso y no son fácilmente moldeables.

- *Arcillas C*: Son suelos que pueden moldearse con facilidad y que también presentan una cantidad apreciable de la fracción que pasa por el tamiz número 200. Los valores de su límite líquido e índice plástico se encuentran sobre la línea del gráfico de plasticidad de Casagrande (*IP < 0,73 (LL-20)*).

- *Arcillas y limos orgánicos O*: Su límite líquido e índice plástico se encuentran situados por debajo de la línea del gráfico de plasticidad de Casagrande. Tienen una cantidad en materia orgánica superior al 4%. Se distinguen de los limos inorgánicos por el color oscuro que presentan (gris, castaño o negro) y por el olor a metano que muchas veces desprenden. Estos suelos suelen ser muy compresibles.

- *Suelos turbosos o fibrosos Pt*: Tienen elevada compresibilidad y color marrón oscuro o negro con alto contenido en materia orgánica, superior al 20%. Es el caso de la turba, humus, suelos con mucha materia orgánica formados en sitios pantanosos, en los que la humedad protege a la materia orgánica de su total descomposición.

Los suelos de grano fino se subdividen en tres subgrupos:

- *Alta compresibilidad:* El límite líquido es mayor de 50. Su símbolo es *H*,
- *Compresibilidad intermedia I*: El límite líquido está comprendido entre 35 y 50.
- *Baja compresibilidad L*: El límite líquido es inferior a 35.

En la práctica habitual se suele prescindir del segundo subgrupo y considerar únicamente el primero *H* y el último *L*, estableciéndose el valor de 50 para el límite líquido como criterio de corte.

En la figura 1.44 se presenta en un cuadro un resumen de esta clasificación, con la identificación de los distintos grupos principales, los símbolos que designan las diferentes clases de suelos y la descripción y características principales de estas.

GRUPOS PRINCIPALES			SÍMBOLO	DESCRIPCIÓN
SUELO DE GRANO GRUESO Más del 50% queda retenido por el tamiz nº 200 (0,074 mm)	**GRAVAS Y SUELOS CON GRAVA** Más del 50% de la fracción gruesa queda retenida por el tamiz núm. 4 (4,75 mm)	GRAVA LIMPIA	**GW**	Gravas bien gradadas, mezclas de grava y arena, con pocos finos o sin finos.
			GP	Gravas mal gradadas, mezclas de grava y arena, con pocos finos o sin finos.
		GRAVA CON FINOS (Finos en cantidad apreciable)	**GM**	Gravas limosas, mezclas de grava-arena-limo
			GC	Gravas arcillosas, mezclas de grava-arena-arcilla
	ARENAS Y SUELOS ARENOSOS Menos del 50% de la fracción gruesa queda retenida por el tamiz núm. 4 (4,75 mm)	ARENA LIMPIA	**SW**	Arenas bien gradadas, arenas con grava, con pocos finos o sin finos.
			SP	Arenas mal gradadas, arenas con grava, con pocos finos o sin finos
		ARENA CON FINOS (Finos en cantidad apreciable)	**SM**	Arenas limosas, mezclas de arena-limo
			SC	Arenas arcillosas, mezclas de arena-arcilla
SUELO DE GRANO FINO Más del 50% pasa por el tamiz nº 200 (0,074 mm)	**LIMO Y ARCILLA** Límite líquido menor de 50		**ML**	Limos inorgánicos y arenas muy finas. Polvo de roca, arenas finas limosas, arcillas magras
			CL	Arcillas inorgánicas poco plásticas o de plasticidad mediana, arcillas con grava, arcillas arenosas, arcillas limosas, arcillas magras.
			OL	Limos orgánicos y arcillas limosas orgánicas poco plásticas.
	LIMO Y ARCILLA Límite líquido mayor de 50		**MH**	Limos inorgánicos con mica o arena fina de diatomeas o suelos limosos.
			CH	Arcillas inorgánicas muy plásticas. Arcillas grasas.
			OH	Arcillas orgánicas de plasticidad media o muy plásticas.
SUELOS MUY ORGÁNICOS			**PT**	Turba, humus, suelos pantanosos con materia orgánica.

Figura 1.44: Sistema unificado de clasificación de suelos.

Ensayos químicos de identificación

Los suelos pueden contener elementos y compuestos químicos que impidan o restrinjan su uso, generalmente para rellenos (por ejemplo, para terraplenes de carretera); estos elementos también pueden atacar a los materiales que constituyen partes de una obra y que se encuentren en contacto con el terreno, como es el caso del hormigón en cimentaciones o muros y tuberías de fundición.

Los ensayos químicos de identificación tienen como finalidad obtener el contenido de estos compuestos químicos para completar de caracterizar el terreno. Son ensayos relativamente sencillos, entre los que destacan la determinación del contenido de materia orgánica, la determinación del contenido en sulfatos y otras sales solubles y la determinación del contenido en carbonatos.

Contenido de materia orgánica

La materia orgánica procede de la descomposición de restos de seres vivos, animales o vegetales. La descomposición de restos animales es relativamente poco importante y se realiza con gran rapidez, mientras que la descomposición de restos vegetales es bastante más considerable y permanece durante un tiempo mucho más largo.

Por su origen, la materia orgánica aparece en la superficie del suelo y su profundidad suele ser pequeña, aunque en algunos casos por la porosidad del suelo puede ser llevada a capas más profundas. En las formaciones más profundas de materia orgánica, tales como lignitos y turbas, el depósito puede alcanzar una profundidad mucho mayor por haber estado sometido a movimientos tectónicos y otros factores geológicos.

Desde el punto de vista de la mecánica del suelo, es muy importante el estado de descomposición en que se encuentre la materia orgánica, siendo sus efectos tanto peores cuanto más avanzado sea el grado de su descomposición, pues su capacidad de cambio de bases y absorción de agua es muy alta y el aumento de volumen muy considerable.

Los efectos de la materia orgánica sobre el suelo son de carácter nocivo, reduciendo su capacidad de carga y haciéndole más inestable. La causa es su naturaleza esponjosa y la debilidad mecánica de sus componentes. La acidez natural de sus constituyentes tiende a dar reacción ácida al agua del suelo, con los consiguientes efectos corrosivos sobre los materiales. El límite normalmente admitido de materia orgánica es el 4%, aunque con cantidades menores ya empiezan a verse sus efectos. En terraplenes iguales o menores a 5 m se admiten contenidos de hasta el 5% de materia orgánica cuando las deformaciones son previsibles. Para terraplenes superiores a 5 m, la utilización de contenidos de materia orgánica superiores al 2% requiere justificación técnica y aprobación de la dirección de obra. En corona el contenido de materia orgánica admisible es menor al 1%.

La materia orgánica se degrada con el tiempo, aparte de tener elevada compresibilidad, lo que hace problemático el uso de un suelo con fuerte contenido en materia orgánica en la ejecución de un relleno. Existen dos tipos de ensayos normalizados para determinar el contenido en materia orgánica del suelo: el método del permanganato potásico (UNE 103204) y el método del peróxido de hidrógeno (UNE 7368).

El ensayo de permanganato potásico se lleva a cabo sobre la fracción de la muestra que pasa por el tamiz de 2 mm. Una fracción de 50 g de esta muestra se pulveriza con un mortero. A continuación, se pasa por el tamiz 160 mm y se pesan 5 g. Se desecan éstos en estufa a 110 º C durante 24 horas y se deja enfriar en un desecador con cloruro cálcico. Una vez que la muestra alcanza la temperatura ambiente, se pesa una fracción de 0,25 g que se introduce en un matraz y se añaden 25 cm^3 de solución de ácido sulfúrico al 9%. Se lleva todo a ebullición y se añaden 1,5 cm^3 de ácido nítrico concentrado. Al cabo de un par de minutos se añaden 125 cm^3 de agua destilada acabada de hervir. En este momento se alícuotan 20 ml de MnO_4K 0,1N. La mezcla adquirirá coloración púrpura.

Para acelerar la reacción red-ox, se lleva la mezcla al punto de ebullición. La decoloración de la mezcla nos informa que el permanganato potásico se ha reducido en su totalidad. Se repite el proceso de añadir alícuotas iguales hasta que se consiga una coloración entre púrpura y violeta.

El exceso de permanganato se reduce con la adición de 20 ml de ácido oxálico 0,1N. Finalmente se valora el exceso de ácido oxálico con adición, gota a gota, de permanganato hasta una coloración permanente.

Mediante la aplicación de la fórmula matemática correspondiente, en función del peso de la muestra y de la cantidad de permanganato consumido, se obtiene el contenido de materia orgánica de la muestra. El ensayo siempre se efectúa por duplicado sobre dos fracciones diferentes de la misma muestra. El resultado se expresa en porcentaje de materia orgánica. Siempre se debe de realizar antes de aceptar un material para terraplenar.

El contenido de materia orgánica de los suelos también puede determinarse de acuerdo con lo indicado en la norma NLT-117 que describe el método de ensayo para identificar dicho contenido con agua oxigenada. Mediante este ensayo, la materia orgánica se oxida con agua oxigenada. La cantidad de materia orgánica volatilizada mediante la oxidación se calcula por diferencia entre el peso de la muestra inicial y el peso seco después del tratamiento. Este método es solamente aproximado ya que, aunque el agua oxigenada ataca al humus y a la materia orgánica coloidal, su acción sobre la materia orgánica no descompuesta es sólo limitada. Para una determinación más exacta debe de realizarse la oxidación con dicromato.

El humus del suelo es agresivo frente al hormigón. El ensayo para detectar si esto sucede es el de determinación de la acidez Baumann-Gully (normalizado en la Instrucción EHE 2008 y UNE 83962), que determina el contenido de iones hidrógeno que es capaz de liberar el componente humus de un suelo.

Contenido en sulfatos y otras sales solubles

Las aguas de lluvia, más o menos puras, presentan las más diversas características químicas debido a que disuelven sales en su camino por el suelo, al atravesar diferentes clases de terreno. Entre todas las soluciones, son de interés en relación a la mecánica de suelo las sales disueltas, los iones hidrógeno y las bases de cambio asociadas con los terrenos arcillosos.

Las sales disueltas pueden afectar al suelo o a las construcciones realizadas atacando químicamente a los materiales, disgregando por cristalización los materiales porosos y corroyendo los metales. Entre dichas sales las más importantes son los sulfatos de sodio, magnesio y calcio. Los dos primeros se encuentran casi siempre en menor cantidad, pero su mayor solubilidad los hace más peligrosos. El sulfato de calcio se encuentra en la naturaleza en forma de yeso cristalizado. El ataque de los materiales que contienen cemento se debe a la reacción de los sulfatos alcalinos y magnésicos tanto con el hidróxido de calcio, que puede ser directamente el agente agresivo, como con los aluminatos cálcicos hidratados para formar el sulfoaluminato cálcico, más insoluble.

Al igual que en el caso anterior, la tendencia a la solubilidad o hidratación que tienen determinadas sales contenidas en los suelos puede producir cambios volumétricos en el terreno. Por otra parte, la disolución de sulfatos (procedentes en gran parte de los yesos) en el agua existente en el terreno hace a ésta agresiva frente al hormigón y materiales férricos.

Los ensayos normalizados disponibles son:

- Determinación del contenido de yesos en suelos (Norma NLT-115).
- Contenido de sulfatos solubles. Existen dos posibles ensayos. Uno de ellos es cualitativo (UNE 103202) e indica la presencia de estos iones solubles. El segundo es cuantitativo (UNE 103201) y proporciona el porcentaje de sulfatos solubles en el suelo.
- Determinación del contenido de sales solubles en los suelos (Norma NLT-114).

Contenido en carbonatos

Las sales carbonatadas son solubles en agua, sobre todo en presencia de dióxido de carbono, lo que puede dar lugar a disgregación de los suelos cementados por carbonatación con la consiguiente pérdida de parte de sus propiedades resistentes y deformacionales. Este fenómeno sucede en terrenos con contenido en carbonato cálcico incluso inferiores al 40%. El ensayo se encuentra normalizado por la Norma UNE 103200.

Propiedades físico-químicas de las arcillas

La experiencia ha demostrado que en los terrenos en los que se encuentran arcillas pueden acontecer fenómenos en algunas circunstancias que hacen que resulten peligrosos cuando se utilizan como zona de cimentación. Los comportamientos variables que presentan las arcillas son debidos a sus peculiaridades físico-químicas.

Los minerales de las arcillas son, en esencia, silicatos de alúmina hidratados y, ocasionalmente, silicatos hidratados de magnesio o de hierro. Tienen estructura cristalina, salvo raras excepciones, y están formados por el apilamiento de láminas elementales constituidas por varias capas, en función de la ordenación atómica.

Los átomos están ordenados en capas de dos clases: capas de sílice o tetraédricas y capas de alúmina u octaédricas. En cada capa de sílice los átomos están dispuestos formando unidades tetraédricas, de forma que cuatro átomos de oxígeno se encuentran situados en cada vértice del tetraedro, encerrando un átomo de silicio en su centro. A través de los enlaces entre átomos de oxígeno de unidades colindantes, de modo que los oxígenos de las bases de todos los tetraedros se encuentran en el mismo plano y cada oxígeno pertenece a dos tetraedros, se obtiene la capa tetraédrica. Estos tetraedros se combinan formando unidades hexagonales, que se repiten indefinidamente constituyendo un enrejado del mineral.

Cada capa de alúmina está ordenada en unidades octaédricas con seis átomos de oxígeno o grupos hidroxilos en algunos vértices y un átomo de aluminio o magnesio embebido en el centro.

En la figura 1.45 aparecen esquematizadas las capas y las unidades elementales de los minerales de las arcillas.

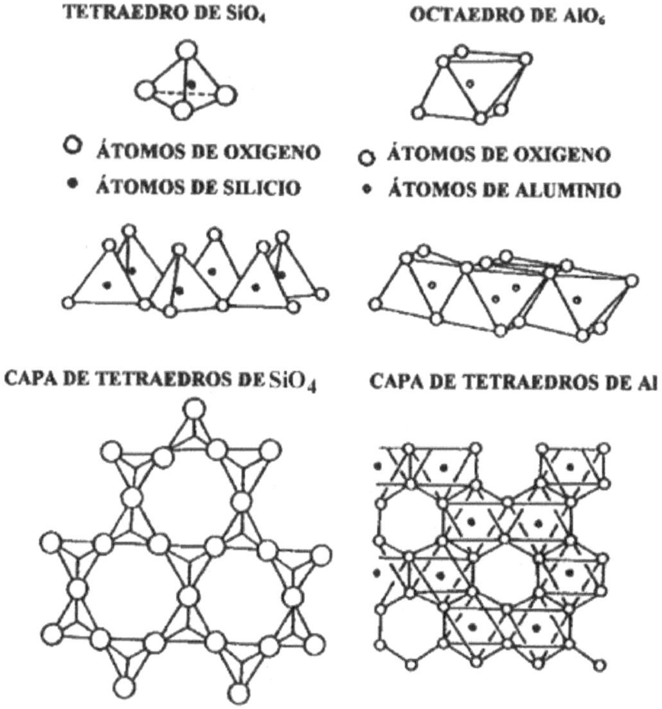

Figura 1.45: Capas y unidades elementales de los minerales de arcilla.

Principales minerales arcillosos

La gran variedad de estructuras enrejadas de los minerales arcillosos cristalinos depende de la disposición de las capas de sílice (tetraédrica) y de alúmina (octaédrica) y de los distintos enlaces que las unen. La estructura de la red cristalina también tiene influencia en la magnitud de la carga negativa neta y en la amplitud de la afinidad por el agua. La organización de las unidades estructurales en la red cristalina constituye la base esencial de su clasificación, distinguiéndose tres grupos principales de minerales arcillosos: las *caolinitas*, las *montmorillonitas* y las *illitas*.

Caolinita

El bloque estructural de este grupo de minerales tiene un espesor de 7 A y está formado por una capa de unidades tetraédricas, con centros de sílice, y una capa de unidades octaédricas, con centros de aluminio y radicales oxhidrilos en algunos vértices. Esta combinación se repite indefinidamente, de manera que un gran número de estos bloques unidos entre sí forman partículas de 500-1000 A de espesor. Las láminas (moléculas) están unidas por átomos de hidrógeno y se forman partículas de forma aproximadamente hexagonal.

El enlace iónico de hidrógeno entre los bloques, que resulta de la conexión de un átomo de hidrógeno y un grupo hidroxilo, aunque es un enlace débil, crea una estructura relativamente estable en la que no penetra el agua con facilidad. El hidrógeno del grupo hidroxilo conecta los dos átomos de oxígeno y, en consecuencia, el agua estructural está ligada al enrejado en forma de oxhidrilo OH^- y no como H_2O.

Las caolinitas forman arcillas muy estables a causa de su estructura no expansible, que se opone a la introducción de agua en sus retículos y al consiguiente efecto desestabilizador de ésta. Presenta una baja absorción de agua y una baja susceptibilidad a la retracción. Son moderadamente plásticas y tienden a poseer un coeficiente de fricción interna mayor que el de cualquier otro mineral arcilloso. Por lo general, y a menos que contengan impurezas, no están sujetas a expansión o hinchamiento cuando se saturan o cuando están sometidas a variaciones de humedad.

Los valores de densidad para los minerales de caolinita oscilan entre 2,6 y 2,68. La fórmula química de la caolinita es $Al_2O_3\ 2SiO_2\ 2H_2O$.

En la figura 1.46 se esquematiza la lámina estructural de la caolinita.

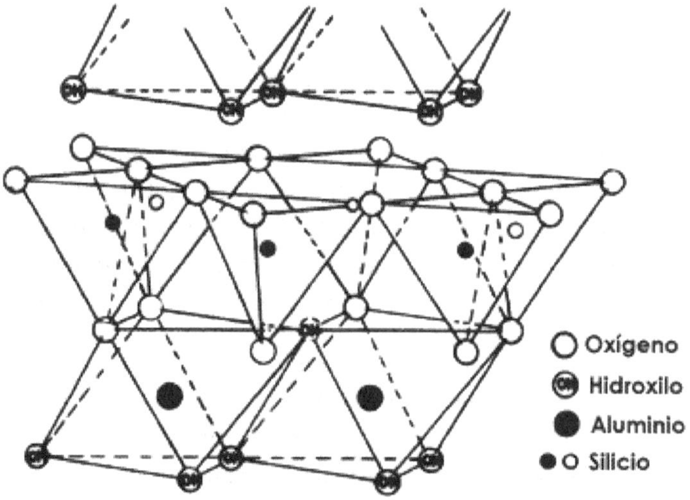

Figura 1.46: Lámina estructural de la caolinita.

Montmorillonita

La lámina, bloque o unidad estructural de la partícula de montmorillonita está formada por dos capas de unidades tetraédricas de sílice, orientadas en forma opuesta que encierran, en el medio, una de octaedros de aluminio. Los átomos de *Si, Al, O* y los grupos OH^- están ordenados de tal manera que no existe un equilibrio completo entre sus cargas. El *Si* con el *O* forma capas de tetraedros opuestos por sus vértices y, entre dos capas de tetraedros, se sitúa el *Al* formando octaedros con los oxígenos de los vértices tetraédricos y los grupos OH^-. Estas capas triples se repiten indefinidamente en cada fragmento mineral, pero las uniones entre unas y otras son débiles e incompletas a consecuencia del desequilibrio de cargas eléctricas de las capas. Debido a la gran carga negativa neta, entre capa y capa pueden entrar moléculas de agua o cationes que estén disueltos en ella para compensar el desequilibrio de las cargas eléctricas, provocando una dilatación en la estructura que se refleja en un hinchamiento considerable de las partículas de mineral.

La unión entre láminas estructurales por débiles enlaces dipolares de agua (moléculas de agua) e iones metálicos (cationes intercambiables como Ca^{2+},

Mg^{2+}, Na^{+}) crean un enlace entre capas muy débil, por lo que resulta que el mineral es muy inestable, especialmente en presencia de agua. Presentan una muy alta absorción de agua, pues el agua atraída se inserta con facilidad, causando hinchamiento, expansión y entumecimiento. En estos casos, las láminas de montmorillonitas están envueltas en películas de agua. La expansión puede ser muy grande. De hecho, las montmorillonitas son las arcillas expansivas por excelencia.

Las montmorillonitas humedecidas poseen una gran plasticidad y un bajo coeficiente de fricción interna. Las montmorillonitas saturadas quedan sometidas a gran contracción, retracción y agrietamiento cuando se someten a desecación.

Las altas característica de retracción, expansión y dilatación de las montmorillonitas hacen que resulten un basamento muy malo para estructuras y obras civiles. Los taludes, tanto naturales como artificiales, que están constituidos fundamentalmente de arcillas montmorilloníticas, están sujetos a deslizamientos y fluencia en tiempo húmedo.

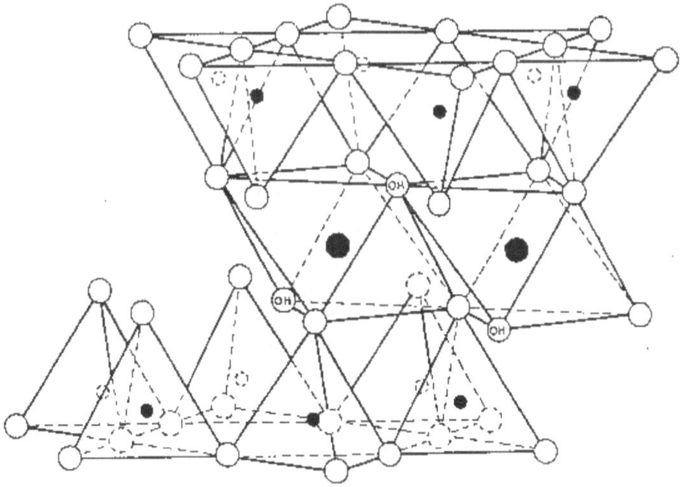

Figura 1.47: Lámina estructural de la montmorillonita.

Las *bentonitas* se forman, por lo general, a partir de cenizas volcánicas y son una clase de arcillas montmorilloníticas notables por su capacidad de dilatación. Esta capacidad encuentra empleos útiles para impedir las fugas en depósitos y canales y también se emplean como lodos de perforación. Además, se utilizan como cama para gatos.

Los valores de densidad para las montmorillonitas oscilan de 2,2 a 2,7. La fórmula química de la montmorillonita es $(OH)_4Si_8Al_4O_{20}nH_2O$, que también se puede escribir como $2Al_2O_3\ 8SiO_2\ 2H_2O\ nH_2O$.

Illita

La unidad estructural del grupo de la illita es semejante al de la montmorillonita, salvo algunos cambios en la composición química. Tiene un espesor de 10 A y cada lámina se compone de una capa octaédrica con centros de *Al, Fe* o *Mg*, entre dos capas tetraédricas con centros de *Si* o *Al* y orientadas en forma opuesta. Las láminas están unidas por átomos de potasio (K^+), que no son intercambiables y, por lo general, forman agregados. Los átomos de potasio, que se adhieren y se sitúan entre las diversas unidades fundamentales, equilibran casi en su totalidad las deficiencias de carga y permiten la unión entre bloques. La adherencia es menos estable que la creada por los enlaces de hidrógeno en las partículas de caolinita, por ello las partículas de illita sólo alcanzan un espesor de 200-300 A y tienen una relación típica diámetro/espesor del orden de 20-50.

La estructura de la illita no es expansiva y no admite fácilmente la entrada de átomos de agua entre sus capas. Tiene una menor afinidad por el agua y una capacidad de hidratación más limitada que la montmorillonita. Su capacidad de expansión y susceptibilidad a la retracción son intermedias entre la de la caolinita y la montmorillonita. Su coeficiente de fricción interna es más alto que el de la montmorillonita.

Los valores de densidad de la illita oscilan entre 2,64 y 3,00. La fórmula química generalizada de la illita es $((OH)_yK_y(Si_{8-y}Al_y)(Al_4Fe_4Mg_4Mg_6)O_{20}$. Normalmente, *y* es menor de *2* y, generalmente igual a 1,5.

Métodos para la identificación de los minerales de arcilla

Las arcillas son rocas de gran complejidad desde el punto de vista mineralógico. En una misma muestra suelen coexistir varios minerales arcillosos (caolín, montmorillonita, illita). Por otra parte, el tamaño tan reducido de sus partículas minerales hace difícil o imposible su diagnóstico por los métodos microscópicos ordinarios y, por ello, para identificarlos hay que recurrir a técnicas especializadas; unas veces mediante diagramas de difracción de rayos X, otras estudiando el proceso de deshidratación a medida que se calientan las muestras y, por último, mediante el microscopio electrónico.

Las observaciones practicadas mediante el microscopio electrónico suministran datos sobre la forma de las partículas de arcilla. La imagen se produce por la dispersión de los electrones al atravesar el mineral.

Para conocer la estructura de los átomos en el cristal, esto es, la ordenación atómica, hay que utilizar los métodos de difracción de rayos X, cuya longitud de onda es del orden de un A (1A = 10^{-6} milímetros). Estos métodos permiten medir el espaciado entre los planos atómicos, es decir, el grosor de la lámina, y determinar cuantitativamente cada mineral arcilloso. La técnica consiste en lanzar un haz de rayos X sobre la muestra, previamente reducida a polvo, registrando el haz difractado en una película sensible. Cada línea de la fotografía corresponde a una reflexión de cada una de las diferentes series de planos atómicos existentes en el mineral. El registro es característico para cada tipo de arcilla.

Los minerales de arcilla se pueden identificar también mediante las temperaturas que exige el extraer el agua estructural de sus retículos. Los efectos de las altas temperaturas sobre las arcillas se estudian mediante el *análisis termal diferencial*. En este análisis se emplea una balanza térmica especial que mide la cantidad de agua liberada por el mineral cuando se somete a elevadas temperaturas. Este dispositivo consiste en un bloque de níquel con dos orificios. En uno se coloca una muestra del suelo que se va a analizar, mientras que en el otro se coloca un material refractario inerte, que no cambia químicamente con la temperatura, como puede ser por ejemplo la alúmina. Se va aumentando automáticamente la temperatura a razón de 12 °C el minuto hasta 1.100 °C. De forma automática se obtienen curvas de diferencias de temperaturas entre el material sometido a prueba y la alúmina, térmicamente inerte. Cada clase de mineral presenta una curva más o menos característica. De este modo, el estudio de estos gráficos permite conocer la composición de un suelo.

Susceptibilidad

Cuando se amasa una muestra de arcilla, se destruye su estructura y los enlaces establecidos entre las partículas. Se dice que una arcilla ha sido remoldeada si se ha alterado severamente hasta el punto de destruir su estructura original. Los procesos que pueden producir remoldeado son números y variados, desde un simple amasado o moldeo manual de una muestra hasta movimientos de tierra masivos como excavaciones y compactaciones controladas.

En general, la resistencia de una arcilla remoldeada es inferior a la que corresponde a una arcilla inalterada. La pérdida de resistencia se atribuye a la ruptura de la adhesión electroquímica entre partículas y a la redistribución del agua absorbida, que parte se convierte en agua libre.

La pérdida de resistencia de la arcilla por remoldeo se caracteriza a través de la susceptibilidad S_t, también llamada sensitividad, que se define como el cociente entre las resistencias al corte sin drenaje en estado natural y después de amasada a humedad constante.

S_t	**Clase de arcilla**
1	No susceptible
1-2	De baja susceptibilidad
2-4	Susceptibilidad media
4-8	Susceptibles
8-16	Muy susceptibles
> 16	Arcillas rápidas (quick clays)

Figura 1.48: Escala de sensitividad de Skempton y Northey 1942.

Cuanto mayor es el valor de S_t, más pérdida de resistencia presenta la arcilla al amasado. La mayor parte de las arcillas tienen una sensitividad en el rango de 1-4. Algunas arcillas, llamadas rápidas, tienen valores de sensitividad tan altos como 100.

La clasificación de las arcillas en función de este cociente es el siguiente (escala de sensitividad de Skempton y Northey 1952) se ilustra en la figura 1.48.

Trixotropía

La trixotropía es la propiedad de recuperar la resistencia perdida por el amasado en un tiempo relativamente corto.

Sólo las arcillas más activas, como la montmorillonita, presentan esta propiedad de forma significativa. En ellas, si se deja reposar la arcilla después de amasada, recupera gran parte de su resistencia inicial.

Módulo 2:

EL AGUA EN EL TERRENO

Estados del agua en el terreno

El terreno contiene agua de diverso origen (figura 2.1). Procede principalmente de dos fuentes, lo que permite diferenciar el *agua de sedimentación* del *agua de infiltración*. El *agua de sedimentación* es la que ha quedado incluida en los suelos sedimentarios al producirse el depósito de sus partículas. Esta agua es despreciable en cuanto a cantidad. El *agua de infiltración* proviene de la lluvia, de corrientes de agua o hielo, de lagos o del mar.

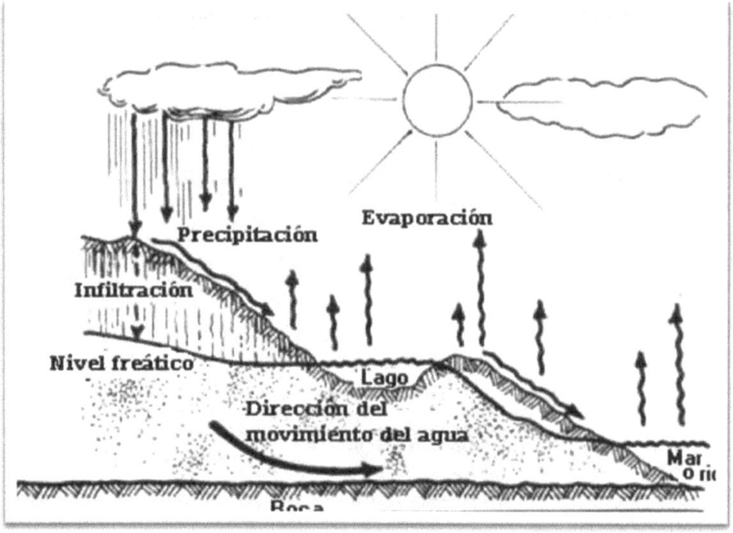

Figura 2.1: Penetración del agua en el suelo.

A los efectos del estudio de su influencia en la mecánica de los suelos, el agua de lluvia que cae sobre el terreno puede separarse en dos grupos: La que de algún modo vuelve a la atmósfera, *evapotranspiración*, y la que se infiltra en el terreno o escurre sobre su superficie, dando lugar esta última a la *escorrentía superficial*. Las aguas de infiltración y de escorrentía son las que tienen incidencia en el comportamiento del terreno, si bien de distinta forma.

La infiltración es el movimiento del agua desde la superficie del terreno hacia el interior del suelo a través de los poros o intersticios del material que lo constituye. Al infiltrarse, el agua sigue varios caminos. Si la cantidad de lluvia que cae es poca, quedará retenida en los primeros centímetros o decímetros del terreno. Si la lluvia es más intensa, el agua atraviesa esa primera capa, incrementando el contenido de humedad del suelo y percolando vertical y lateralmente hacia el interior.

Es importante distinguir el estado en que se encuentra el agua en el suelo. Puede encontrarse en estado libre (que a su vez puede presentarse en tres fases, líquida, sólida o vapor), en forma capilar, como agua absorbida y como agua de constitución de los minerales.

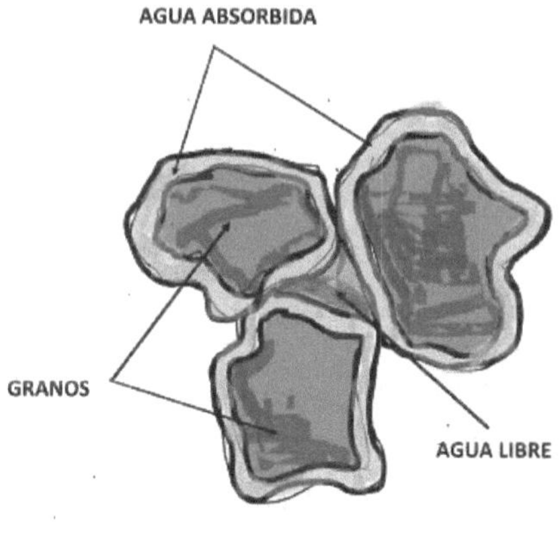

Figura 2.2: Estados del agua en el suelo.

El agua en estado libre constituye la parte activa de las aguas subterráneas, porque puede circular bajo diferencias de presión. El agua en forma capilar puede elevarse por encima del nivel piezométrico de las aguas subterráneas y mantenerse en los poros por la acción de la tensión superficial. El agua absorbida, (*agua de contacto o retención*) es la que está unida a las partículas del suelo mediante fuerzas polares, debidas a la naturaleza bipolar de la molécula de agua (que funciona como un imán) y a las irregularidades eléctricas de la superficie de los granos (que constituyen diminutos dipolos). Las propiedades físicas del agua absorbida, particularmente la densidad, son muy distintas a las del agua libre. El agua de constitución es la que existe combinada químicamente en la red cristalina de los sólidos.

El agua subterránea ocupa los poros o vacíos intergranulares y las fisuras y grietas de los suelos y rocas que integran la corteza terrestre. Cerca de la superficie, el terreno posee una cantidad variable de huecos, pero a medida que aumenta la profundidad, las presiones se hacen tan altas, que incluso las rocas más resistentes no pueden soportarlas y, mediante un flujo plástico, tienden a adquirir la forma más compacta posible. Como consecuencia, los poros se cierran y el agua sólo puede existir a estas profundidades combinada químicamente, encontrándose sólo formando parte de la red cristalina de los sólidos.

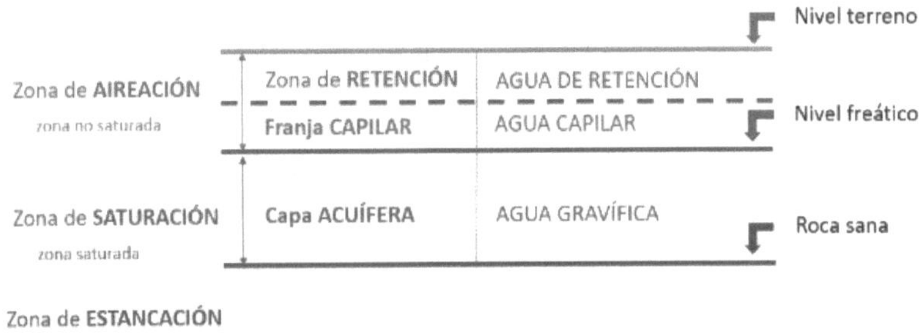

Figura 2.3: Distribución en profundidad del agua en el suelo.

Teniendo esto en consideración, la distribución de agua en el subsuelo, tras la infiltración y descenso en un terreno permeable, permite diferenciar tres zonas: la *zona de aireación,* la *zona de saturación* y la *zona de estancación* (figura 2.3).

En la *zona de aireación* el agua solo penetra hasta una cierta profundidad en el suelo, rellenando parcialmente los poros. En esta zona, el agua sólo efectúa desplazamientos verticales, descendiendo por gravedad y ascendiendo por capilaridad. La zona de aireación es la más próxima a la superficie y está limitada en su parte inferior por la capa freática. En ella la presión del agua es negativa. Aquí se localiza la franja capilar, donde se encuentra el *agua capilar,* y la zona de contacto, donde se encuentra el *agua de contacto o retención*.

En la franja capilar se distingue, en función de su posición respecto al nivel freático y la acción de la gravedad, el agua capilar continua y el agua capilar colgada o aislada. El agua capilar continua se encuentra en la franja inferior de la zona capilar en contacto con el agua freática; rellena totalmente los poros y está sometida a la acción de la gravedad. El agua capilar aislada se localiza en la parte superior de la franja capilar, sin contacto con el agua freática; rellena parcialmente los poros y no se desplaza bajo la acción de la gravedad.

En la zona de contacto se localiza el *agua de contacto o retención*. Esta agua está absorbida por las partículas del suelo mediante fuerzas polares. El *agua de retención* no tiene comunicación con el agua freática.

La *zona de saturación* contiene agua en un acuífero, siendo su límite superior la superficie de equilibrio, en donde la presión de agua es igual a la atmosférica. En esta zona el terreno se encuentra saturado. El agua rellena los poros, fisuras e intersticios del material y puede circular a través del terreno. El agua contenida en la *zona de saturación* recibe el nombre de *agua freática* o *agua de gravedad*.

Por último, en la zona de estancación, el agua no se desplaza, estando inmovilizada, formando parte de las moléculas constituyentes de los minerales como *agua de constitución.*

El agua en reposo

En reposo la presión de agua es la hidrostática (figura 2.4). De ello resulta que, por debajo de la superficie libre de las aguas subterráneas, la presión del agua es positiva en cualquier punto e igual al peso de la columna de agua que hay entre ese punto y dicha superficie libre, aumentando linealmente con la profundidad. Por encima del nivel freático, en la franja capilar, la presión de agua es negativa e igual al peso de la columna de agua entre el punto considerado y el nivel freático, disminuyendo linealmente hasta alcanzar la máxima altura de ascensión capilar. En la zona de contacto la presión es negativa y constante, con un valor igual al que corresponde a la máxima altura de ascensión capilar.

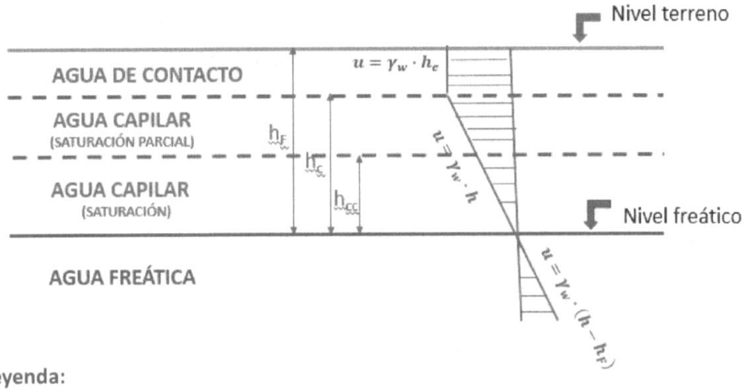

Leyenda:

h: profundidad punto considerado

h_F: Profundidad del nivel freático

h_C: Altura franja capilar

h_{cc}: Altura franja capilar continua

Figura 2.4: Distribución vertical de la presión del agua en reposo.

Nivel freático

Se denomina *nivel freático* al lugar geométrico de los puntos donde la presión del agua es atmosférica. Con frecuencia se miden las presiones a partir de la atmosférica, en cuyo caso se toma ésta igual a cero.

El *nivel freático* corresponde al lugar geométrico de los niveles que alcanza la superficie del agua en pozos de observación en comunicación libre con los huecos del suelo. Por debajo de este nivel se encuentra la capa *freática* donde la presión de agua es positiva. El agua situada por debajo de este nivel y en comunicación continua con él recibe el nombre de *agua freática.* Teóricamente, por debajo del *nivel freático,* el suelo estará totalmente saturado.

El *nivel freático* tiende a mantenerse paralelo al *nivel topográfico* del terreno, pero su relieve es mucho menos pronunciado (figura 2.5).

En un punto determinado, el *nivel freático* sufre grandes variaciones estacionales. Su profundidad no es constante, sino que asciende y desciende de acuerdo con las variaciones en las precipitaciones, presión atmosférica y a lo largo de las costas con las fluctuaciones de las mareas.

Las capas del terreno, bastante permeables y porosas, por ejemplo, unas gravas o arenas, que contienen agua freática y son capaces de transmitirla, reciben el nombre de *acuíferos*. Los *acuíferos* pueden serlo por *porosidad, fisuración* o *fisuración y disolución*. En general, los *acuíferos* están formados por materiales sueltos no consolidados, pudiendo tener génesis diferentes (fluvial, eólica, deltaica), por rocas sedimentarias consolidadas que han sufrido importantes procesos de disolución (karstificación) o por materiales ígneos o metamórficos fracturados.

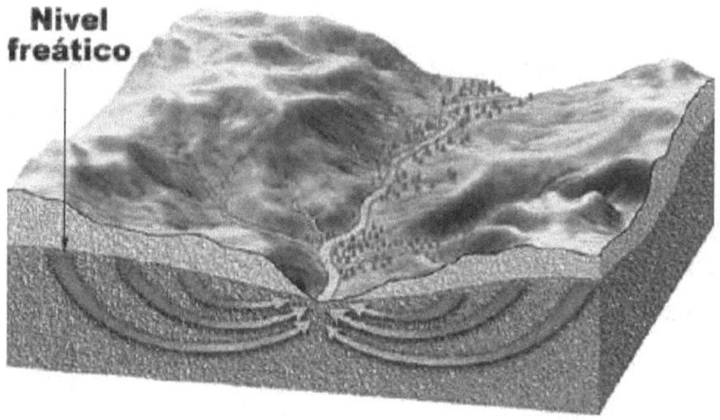

Figura 2.5: Capa freática y nivel freático.

Se llama *acuífero libre* a aquel en el que el límite superior de la zona de saturación es el nivel freático o superficie libre. Un *acuífero confinado* o *cautivo*, por el contrario, está limitado por estratos impermeables.

Las capas del terreno, porosas pero muy poco permeables, que contienen agua freática pero que no permiten que circule el agua a su través, se denominan *acuiclusos*. Estas capas limitan los *acuíferos* y cierran caminos al agua. Un ejemplo lo constituyen las arcillas en general.

Si en el terreno existe una alternancia de *acuíferos* y *acuiclusos,* pueden existir varias capas freáticas. En algunos casos los *acuiclusos* superiores tienen forma de cuenco, dando lugar a las *capas freáticas colgadas* (figura 2.6).

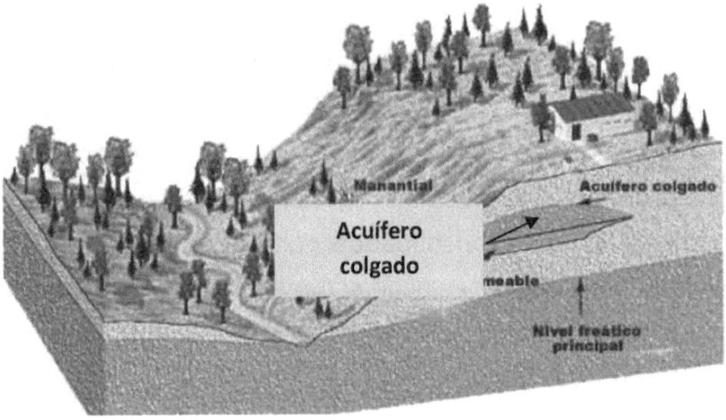

Figura 2.6: Acuífero colgado.

Si un *acuífero* tiene pendiente o se presenta en una estructura sinclinal y está cubierto por un *acuicluso*, el agua situada en su parte baja está sometida a elevada presión hidrostática, dando origen al *agua artesiana*. En estas condiciones, la cuenca hidrológica subterránea se denomina *artesiana*. Si en este caso se perforase un pozo que penetre en el acuífero, el agua saldrá con gran velocidad y fuerza hacia la superficie, surgiendo a una altura superior al nivel del terreno y dando lugar a los *pozos artesianos*.

Una formación que, conteniendo agua, la transmite muy lentamente, aunque puede admitir recargas importantes, por ejemplo, unas arcillas arenosas o limosas, recibe el nombre de *acuitardo*. Una formación que no puede absorber, contener ni transmitir agua se denomina *acuífugo*. Por ejemplo, un macizo granítico sin fracturación.

Tensión superficial.

La *tensión superficial* es la fuerza que actúa tangencialmente por unidad de longitud en el borde de la superficie de separación de dos fases fluidas en equilibrio, tendiendo a contraer dicha superficie.

Los *fenómenos de tensión superficial* se observan en la superficie libre de un líquido y tienden a minimizar esta superficie en la medida que le permiten las demás fuerzas que actúan sobre ella. Por ejemplo, una pequeñísima gota suspendida en el aire prácticamente sólo está sometida a la tensión superficial, que le dará la forma que para un volumen dado garantice la mínima superficie. Esto es, la forma esférica.

La *tensión superficial* se debe a la existencia de fuerzas intermoleculares (figura 2.7). Una molécula situada en la superficie de separación de dos fases fluidas tiene menos moléculas vecinas que una situada en el interior, por lo que es preciso que se rompan enlaces y realizar un trabajo para trasladar una molécula del interior a la superficie, es decir, para aumentar la superficie interfásica.

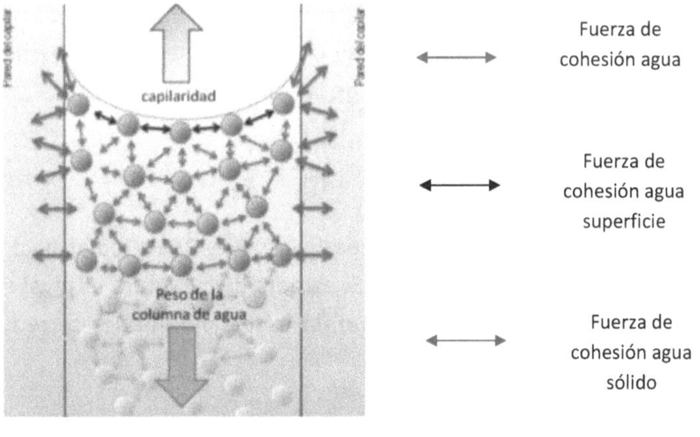

Figura 2.7: Fuerzas intermoleculares que intervienen en la capilaridad.

La *tensión superficial* tiende a minimizar la superficie del menisco interfásico y, en consecuencia, en el interior aparecerá una sobrepresión que, en el equilibrio, compensa el efecto de la *tensión superficial*. Para impedir que disminuya la superficie interfásica hay que ejercer una fuerza en cada punto del borde de dicha superficie. Esta fuerza debe estar contenida en el plano tangente a dicho borde y ser perpendicular a él. Para una longitud dl de la frontera resulta:

$$\sigma_S = \frac{dF}{dl}$$

Siendo σ_s la tensión superficial y *dF* la fuerza que actúa en el plano tangente del borde de la superficie interfásica.

Los fenómenos que se producen en la superficie de los fluidos se han explicado históricamente por la *tensión aparente* producida en una *membrana elástica,* que se suponía se producía en la superficie de todos los líquidos. Hoy se sabe, como ya se ha indicado, que tal *membrana* no existe y que la causa de estos fenómenos es la *atracción de las moléculas*. Sin embargo, la explicación mediante la *membrana elástica* permite obtener resultados cualitativamente exactos.

Aplicando esta explicación, podemos establecer el valor de la tensión superficial. Así, si se tiene una membrana sometida en su cara interior a una presión superior en ΔP a la de la cara exterior, la membrana estará sometida a una tensión σ_s. Como la membrana es de espesor constante, σ_s se expresa como fuerza por unidad de longitud según la superficie de la membrana. De acuerdo con la ley de Laplace, resulta entonces:

$$\Delta P = \sigma_S \left(\frac{1}{R_1} + \frac{1}{R_2} \right)$$

donde σ_s representa la tensión superficial y R_1 y R_2 los radios de curvatura de la superficie de la membrana. Si el radio de curvatura es igual en todas las direcciones (superficie esférica), la expresión anterior se reduce a la siguiente:

$$\Delta P = \frac{2\sigma_S}{R}$$

La tensión superficial origina el fenómeno de la capilaridad que se expone a continuación.

Capilaridad. Ascensión del agua en tubos capilares.

Si se introduce el extremo inferior de un tubo fino en un recipiente lleno de agua, se comprueba que el agua asciende en el interior del tubo hasta una cierta altura h_c llamada *altura de ascensión capilar.* Esta ascensión capilar se explica por la atracción que las moléculas de la pared sólida ejercen sobre las moléculas del líquido, que es mayor que la atracción que las moléculas de agua ejercen entre sí.

En la parte alta se observa un *menisco cóncavo* que se une a las paredes del tubo formando un ángulo α. Este ángulo α depende del tubo y de las impurezas de la pared. Puede escribirse el fenómeno en primera aproximación admitiendo la existencia de una *tensión superficial* σ_s en el menisco; es decir, en la superficie de separación agua-aire. Esta tensión se ejerce en particular a lo largo de la línea de contacto del menisco y del tubo, donde está equilibrada por la atracción de la pared (figura 2.8).

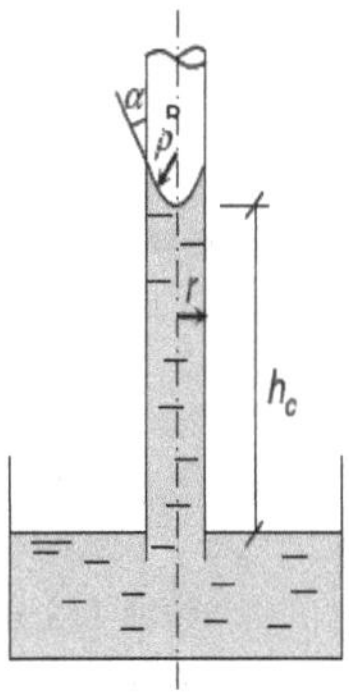

Figura 2.8: Relación entre la altura de ascensión capilar y el diámetro del tubo.

Sucede entonces que la columna capilar aparece como suspendida al menisco y éste es aspirado por el tubo. Fácilmente, se puede escribir la condición de equilibrio. La presión en un punto *P* de la superficie libre del agua en el recipiente, en un punto *Q* situado al mismo nivel que *P* dentro del tubo y en un punto *M* en el exterior de la superficie del menisco formado en la parte superior de la columna del tubo, es igual a la atmosférica. En un punto *N* en la parte interior del menisco, la presión es negativa y viene dada por la *tensión superficial*:

$$u_N = -\frac{2\sigma_S}{R}$$

Expresando la igualdad de alturas piezométricas en los puntos *Q* y *N*:

$$u_N = -h_c \cdot \gamma_w$$

Resulta, igualando ambas expresiones:

$$\frac{2\sigma_S}{R} = h_c \cdot \gamma_w$$

y expresando el diámetro del menisco en función del diámetro del tubo:

$$cos\,\alpha = \frac{r}{R}$$

o sea:

$$h_c = \frac{4 \cdot \sigma_S \cdot cos\,\alpha}{d \cdot \gamma_w}$$

Es la *ley de Jurin.* que expresa que la ascensión capilar es inversamente proporcional al diámetro del tubo y directamente proporcional a la tensión superficial y al valor del ángulo α.

Ascensión capilar del agua en el suelo

El fenómeno de ascensión capilar tiene las mismas características en los suelos, pero no es tan sencillo porque los huecos forman una red muy compleja (figura 2.9). El agua sube por capilaridad por encima del nivel freático y se denomina *altura total de ascensión capilar h_c* a la altura de la zona que queda mojada cuando el fenómeno permanece estacionario. Pero el agua no rellena todos los huecos. Si bien el suelo está saturado en las proximidades de la capa freática, no sucede lo mismo en las partes superiores de la franja capilar, donde solamente los canales más pequeños quedan afectados. La altura total de ascensión capilar depende de la granulometría y del índice de huecos; depende también en cierta medida de la forma de los granos y de las impurezas de la superficie. Es mayor cuando el tamaño de los granos decrece, por lo que sensiblemente se tiene:

$$h_c = \frac{C}{e \cdot D_{10}}$$

en donde h_C y el diámetro eficaz D_{10} se expresan en centímetros. *C* es una constante que puede variar según los suelos de 0,1 a 0,5 cm^2. El producto $e \cdot D_{10}$ representa el diámetro medio de los conductos de un suelo que tiene un índice de huecos *e y que está* formado por partículas idénticas de tamaño D_{10}.

La *higroscopicidad* caracteriza la propiedad del suelo seco de absorber agua capilar, manteniéndola en los poros. Es función del tipo de suelo.

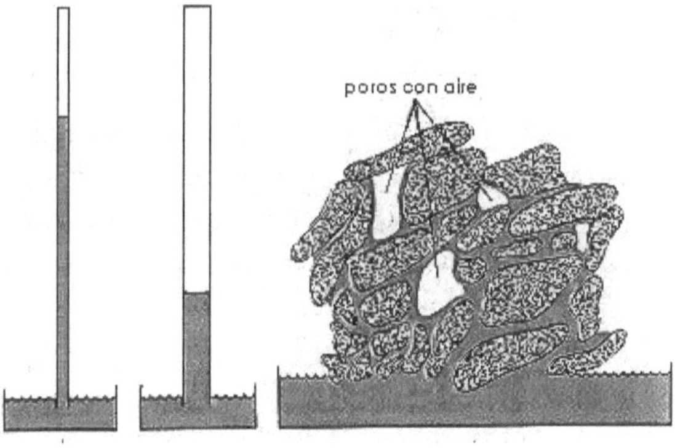

Figura 2.9: Ascensión capilar del agua en el suelo.

Se denomina *succión* al estado de presión reducida en que se encuentra el agua retenida en el suelo. Corresponde al valor absoluto de la presión negativa del agua. El pF es el logaritmo decimal de la succión, expresada en centímetros de agua.

El agua en movimiento

El terreno, en mayor o menor grado, siempre está húmedo. Todos los materiales son más o menos permeables, pues en todos los suelos existen vacíos continuos entre sus partículas que actúan como canales por los que circula el agua. Por consiguiente, el agua filtra a través de todos los terrenos, desde las arcillas hasta las gravas. La única diferencia es de magnitud o intensidad, ya que la capacidad para contener y transmitir agua varía mucho de unas formaciones a otras, dependiendo del tamaño de los huecos y de la dirección de los canales disponibles. Esto es característico de cada tipo de suelo y lo que hace que el grado de permeabilidad sea mayor o menor en cada material. En general, los depósitos no consolidados de materiales sueltos son los que con mayor frecuencia contienen agua.

La presión (fuerza por unidad de superficie) es equivalente a una altura de cierto fluido de peso específico constante por medio de la relación $p = \gamma \cdot h$, donde p es la presión en el punto considerado, medida respecto a la atmosférica, y γ es el peso específico del fluido. A menudo, por ser más conveniente, se expresa la *presión* en términos de la altura de una columna líquida equivalente, en vez de fuerza por unidad de superficie.

El *piezómetro* es un instrumento muy simple que sirve para medir presiones moderadas de líquidos. Consiste en un tubo en el que el líquido puede ascender libremente sin derramarse. La altura del líquido en el tubo proporciona directamente la presión en altura de columna líquida.

El nivel piezométrico en un punto es el nivel que alcanza el agua en un tubo piezométrico colocado en ese punto. La altura de presión en un punto es la distancia vertical entre dicho punto y su nivel piezométrico correspondiente. La altura piezométrica en un punto tiene por expresión:

$$Altura \cdot piezométrica = z + \frac{u}{\gamma_w}$$

donde z es la altura geométrica del punto respecto a un plano horizontal de referencia.

Potencial hidráulico

El potencial hidráulico o carga hidráulica h representa la energía de una partícula fluida de masa unitaria. Viene dada por la expresión:

$$h = \frac{v^2}{2g} + \frac{u}{\gamma_w} + z$$

siendo:

v: Velocidad de circulación del agua en su movimiento a través del terreno.

g: Aceleración de la gravedad.

u: Presión del fluido.

Z: Cota de la partícula fluida, esto es, altura del punto de medida frente a un nivel de referencia.

γ_w: Peso específico del líquido.

El término $\frac{V^2}{2g}$ corresponde a la energía cinética y el término $\frac{u}{\gamma_\omega} + z$ corresponde a la energía potencial. El término $\frac{u}{\gamma_\omega}$ suele denominarse altura o potencial de presión, mientras que al otro sumando *z* se le denomina altura o potencial geométrico o gravitacional.

En el caso particular de la filtración del agua en los suelos, las velocidades de circulación son tan débiles, que se pueden despreciar las fuerzas de inercia y, en consecuencia, eliminar en la expresión de la carga hidráulica el término $\frac{V^2}{2g}$. Para una velocidad de 10 cm/s, que en la práctica nunca se alcanza, el valor de este término sería 0,5 milímetros.

Como la suma de la altura de posición y la altura de presión de un fluido es la altura piezométrica, al despreciar el término $\frac{V^2}{2g}$ en los problemas de flujo de aguas subterráneas, la carga hidráulica total o potencial hidráulico en un punto es igual a la altura piezométrica en aquel. Por consiguiente, la carga hidráulica se define por una constante, midiendo la presión a partir de la atmosférica. En estas condiciones, la carga hidráulica *h* se mide en un punto por la altura que alcanza el agua en un tubo piezométrico colocado en el punto considerado.

En este apartado vamos a estudiar el movimiento del agua en el terreno. En la práctica el agua circula recorriendo caminos sinuosos que pueden sustituirse, con suficiente aproximación, por curvas o filetes líquidos denominadas líneas de corriente. Cuando estas líneas son rectas y paralelas la filtración es lineal.

El movimiento del agua en el suelo corresponde a un régimen permanente o estacionario. En este movimiento el flujo es independiente del tiempo. Las condiciones de cada punto de la corriente permanecen estacionarias respecto al tiempo, aunque ellas puedan variar de un punto a otro. Las partículas fluidas siguen trayectorias invariables en el transcurso del tiempo y a lo largo de una línea de corriente, la presión y la velocidad del agua varían según ciertas leyes. En el caso de las circulaciones a través del terreno, el agua no se puede considerar un fluido perfecto, esto es, incompresible y no viscoso, por lo que no se puede aplicar el Teorema de Bernoulli y, en movimiento bajo la sola acción de la gravedad, la carga hidráulica varía a lo largo de la línea de corriente. Más exactamente, la viscosidad produce una resistencia al flujo en los canales formados por los poros, que se traduce en pérdida de energía. Por consiguiente, en el agua que fluye a través del suelo la carga hidráulica decrece porque el movimiento disipa la energía, bien en la propia agua o por el contacto con los granos del suelo.

En el estudio del flujo del agua, la energía se expresa en términos de alturas o cargas, estando determinada la dirección de flujo por la diferencia de carga entre dos puntos. La pérdida de altura piezométrica del agua supone una pérdida de energía, que se utiliza en contrarrestar las fuerzas de rozamiento.

Para que el agua se encuentre en movimiento y haya filtración, ha de existir una diferencia de altura piezométrica, pues de lo contrario estaría en reposo. Esa diferencia de altura representa la sobrepresión hidrostática y es la que produce la circulación del agua a través del material permeable. Por consiguiente, el flujo de agua en el terreno puede tener lugar en condiciones de saturación, respondiendo siempre a una diferencia de potencial hidráulico entre dos puntos. Si la presión intersticial en un punto es mayor que la atmosférica, el potencial de presión es positivo, el terreno está saturado, y el punto considerado se encontrará bajo el nivel freático. La presión positiva es la causada por la columna de agua que tiene el punto considerado por encima. En general, el terreno no está saturado por encima del nivel freático.

La altura piezométrica o carga hidráulica de los puntos de un acuífero en régimen hidrostático, en el que no hay movimiento de agua, es constante en todo él.

Leyes de filtración (ley de Darcy) y permeabilidad

Los poros de una masa de suelo están interconectados de una manera en extremo compleja y completamente aleatoria. Ello origina en la masa de suelo canales de flujo estrechos y entrelazados, que tienen forma irregular. En consecuencia, es imposible analizar el flujo en cada poro individualmente. Sin embargo, en los problemas de ingeniería, en los que interviene la infiltración de agua a través de los suelos, no es de interés el microflujo en cada poro, sino el macroflujo de todos los poros de un elemento de suelo suficientemente grande para ser representativo de toda la masa de suelo.

Las primeras experiencias interesantes relativas a la filtración del agua fueron realizadas por *Darcy* a partir de 1854 en el patio del hospital de Dijon. Estudió la circulación bajo presión del agua, en una canalización vertical de 35 centímetros de diámetro y 2,50 metros de altura. Esta canalización estaba llena de arena del Saona. *Darcy* medía a la vez la pérdida de carga entre los dos extremos de la conducción y el caudal de filtración correspondiente, cuando se había establecido un régimen permanente.

El resultado fundamental de Darcy, publicado en 1856, es que el caudal por unidad de superficie es proporcional a la pérdida de carga e inversamente proporcional a la altura de la conducción. Esta relación es conocida con el nombre de *ley de Darcy* y constituye la base de todos los cálculos de la Hidráulica Subterránea. Regula en primera aproximación el movimiento de las aguas subterráneas y actualmente se escribe en la forma:

$$v = k \cdot i$$

siendo:

v= velocidad de descarga, flujo o filtración.

k= coeficiente de permeabilidad.

i= gradiente hidráulico.

La velocidad de descarga v es lo que Darcy llamaba caudal por unidad de superficie. Es la relación del caudal observado *q* con la superficie total *s* de la sección recta de la conducción. Esta magnitud, cuyas dimensiones son las de una velocidad, realmente es una velocidad ficticia, porque el agua no llena completamente la conducción, puesto que existe un material sólido. Las circulaciones del agua en la conducción son bastantes tortuosas, pero desde un punto de vista macroscópico, puede suponerse que todas las líneas de corriente son rectilíneas y paralelas a la conducción. Entonces, generalizando, se define la velocidad de descarga como un vector cuya componente según una dirección es un caudal que atraviesa la unidad de superficie perpendicular a dicha dirección.

Poco se puede decir de la relación que existe entre la velocidad de descarga v y la velocidad real de las partículas del fluido. Todo lo más, se puede relacionar la velocidad de descarga con el valor medio de la componente de la velocidad real a lo largo del eje de la conducción a través de la expresión:

$$v = n \cdot v_m$$

donde la porosidad *n* representa la relación entre el volumen realmente afectado por la circulación y el volumen total. La sustitución de la velocidad real por la velocidad de descarga simplifica enormemente los cálculos, aunque aquella sea una velocidad media, ya que no se tiene en cuenta el trazado exacto de las trayectorias reales. Posteriormente, para el cálculo de caudales, se puede considerar que el agua ocupa todo el volumen de la conducción, sin considerar la parte de ésta que está ocupada por el material sólido. Esta sustitución es posible porque la energía cinética tiene un valor despreciable y la carga hidráulica se confunde prácticamente con la altura piezométrica.

El gradiente hidráulico i es un número adimensional positivo, cociente de dos magnitudes del mismo grado, igual a la relación entre la pérdida de carga entre los dos puntos extremos de la conducción y la longitud de la misma. Para un elemento infinitamente pequeño del tubo de corriente, tendremos:

$$i = -\frac{dh}{dl}$$

En esta fórmula *dh* representa la diferencia de la carga hidráulica para una variación dl de la abscisa sobre la línea de corriente, siendo preciso que ésta esté orienta en la dirección de la corriente. El gradiente hidráulico en una dirección cualquiera será la pendiente o derivada de la altura piezométrica respecto de esa dirección, cambiada de signo.

El coeficiente de proporcionalidad *k* que aparece en la expresión de la ley de Darcy tiene la dimensión de una velocidad, dado que *i* es adimensional, y recibe el nombre de coeficiente de permeabilidad. Depende a la vez del medio poroso y del fluido. Generalmente se expresa en m/s o cm/s. Este coeficiente mide la resistencia del terreno al flujo del agua. Cuando se considera que las propiedades del fluido afectan al flujo, el coeficiente de permeabilidad se puede escribir de la forma:

$$k = \frac{\gamma}{\eta} \cdot k'$$

Expresión en la cual γ y η son el peso específico y la viscosidad del líquido y k' un coeficiente que depende únicamente del medio filtrante y cuya dimensión es la de una superficie. Este coeficiente, que depende sólo de la geometría del esqueleto sólido, recibe el nombre de permeabilidad física o permeabilidad intrínseca. En los líquidos newtonianos, como por ejemplo el agua, en los que la viscosidad es constante en un cierto intervalo de velocidades de deformación, es perfectamente conocida la viscosidad y el término (γ/η) no depende prácticamente más que de la temperatura, por lo que es cómodo adoptar el coeficiente de permeabilidad k a pesar de su carácter híbrido. Por el contrario, cuando la naturaleza y propiedades del líquido pueden variar de manera notable, es perfectamente lógico valerse del coeficiente *k´*.

Los factores que afectan al *coeficiente de permeabilidad* son:

- la *forma* y el *tamaño* de las partículas.
- la *porosidad*, con la que está en relación directa.
- el *grado de saturación*, con el que está en relación directa.

Aunque los casos previstos por *Darcy* en sus experiencias se referían a la circulación de fluidos según una vertical descendente, todas las definiciones dadas, incluso la misma *ley de Darcy*, son válidas para circulaciones lineales, con sólo una dimensión (líneas de corriente rectilíneas y paralelas) en cualquier dirección. En consecuencia, podemos enunciar esta *ley* de la siguiente forma: *"Para un flujo en régimen permanente, la velocidad a la que circula un fluido en una dirección a través de un medio poroso continuo (suelo) es directamente proporcional al gradiente hidráulico que presenta el fluido en esa dirección"*.

Determinación de la permeabilidad en laboratorio

La medida de la permeabilidad de un suelo se lleva a cabo en el laboratorio, pudiendo utilizarse para ello diferentes tipos de aparatos que se conocen como *permeámetros*. Entre los permeámetros clásicos destacan el *"de carga constante"* y el de *"carga variable"*. Tanto uno como otro pueden ser de flujo ascendente o descendente. El fundamento de ambos es el mismo y consiste en establecer una diferencia de carga que permita la circulación del agua a través de la muestra.

Permeámetro de carga variable

El permeámetro de carga variable se emplea para suelos poco permeables. Se fundamenta en el cálculo del coeficiente de permeabilidad por la velocidad de descenso del nivel del agua en un tubo.

La mecánica del ensayo para el caso de flujo ascendente es la siguiente. Se coloca la muestra de suelo a estudiar en un molde cilíndrico o célula, cerrado en sus dos extremos por dos tapas con juntas de goma que impiden la pérdida de agua. La tapa superior tiene una especie de aliviadero que sirve para la evacuación del agua y que es por donde se produce la descarga. La tapa inferior está comunicada por un depósito de agua y con un tubo graduado que contiene agua, de 1 m de altura y de sección variable según sea el suelo que se esté ensayando. Unas piedras porosas cubren las dos caras de la muestra en el interior del molde.

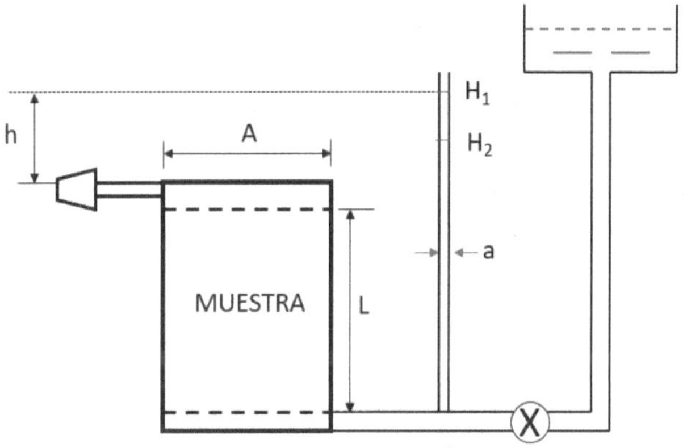

Figura 2.10: Teoría del permeámetro de carga variable.

Se comienza por someter la muestra a saturación, durando esta operación unos minutos para las arenas y varios días para las arcillas. Esta saturación debe hacerse en sentido contrario a la circulación del agua, es decir, desde la parte superior a la parte inferior cuando el permeámetro es de flujo ascendente y viceversa. Cuando la muestra está saturada puede comenzar el ensayo propiamente dicho. Entonces el molde está lleno de agua y comunicado únicamente con el tubo graduado. Comprobamos que el agua va descendiendo lentamente en el tubo; medimos el tiempo t que es necesario para que el nivel de agua descienda desde H_1, nivel próximo al extremo superior del tubo en que está el agua al comienzo del ensayo, al nivel H_2 de la parte baja del tubo al finalizar. Las alturas se miden con relación al nivel del agua en el aliviadero de salida.

Nos hallamos ante el caso de circulación en una dimensión, pero el movimiento no es permanente. Sin embargo, el fenómeno se desarrolla con bastante lentitud y se supondrá que puede aplicarse la *ley de Darcy* en cada intervalo elemental de tiempo (*t, t+dt*). Llamaremos *A* a la sección recta de la muestra ensayada, *l* a su altura y *a* a la sección recta del tubo. El agua en el tubo está a la altura *H* en el instante *t*, siendo la pérdida de carga que experimenta el agua al atravesar la muestra *h*.

La carga hidráulica en la parte inferior de la muestra es igual a la altura del agua en el tubo, según se ha visto anteriormente al hablar de la determinación de la carga hidráulica con un tubo piezométrico. Asimismo, la carga en la parte superior de la muestra es igual a la cota del agua en la boquilla de salida. Por consiguiente, la pérdida de carga en la muestra se mide por la diferencia de nivel entre las superficies libres del agua en el tubo y en la boquilla de salida; es decir, esta pérdida de carga es la altura *h* del nivel del agua en el tubo, contando esta altitud a partir del nivel de la boquilla de salida. El gradiente hidráulico es entonces $i = h/l$ y el caudal:

$$Q = A \cdot v = A \cdot v \cdot \frac{h}{l}$$

Como la muestra está saturada, el volumen de agua que sale de la muestra en el espacio de tiempo *dt*, o sea, $q \cdot dt$, es igual a la disminución de agua en el tubo $-a \cdot dh$

$$q \cdot d\,t = A \cdot k \cdot \frac{h}{l} \cdot d\,t = -a \cdot d\,h$$

operando,

$$k \cdot d\,t = -\frac{a \cdot l}{A} \cdot \frac{dh}{h}$$

Integrando entre H_1 y H_2 se obtiene:

$$k \cdot T = -\frac{a \cdot l}{A} \cdot Ln\left(\frac{H_1}{H_2}\right)$$

de donde se despeja *k* que es la única incógnita.

La mecánica del ensayo es igual cuando el permeámetro de carga variable es de flujo descendente. En este caso la boquilla de salida del agua, a través de la que se produce la descarga, está unida a la tapa inferior, mientras que la tapa superior va comunicada con el depósito de agua y con el tubo graduado. La saturación de la muestra, previa al inicio del ensayo, se hace desde la parte inferior a la superior, y la pérdida de carga en la muestra viene dada por la diferencia entre el nivel del agua en el tubo y la salida.

Para efectuar correctamente el ensayo se debe utilizar agua destilada y desaireada, porque las sales y el aire disuelto pueden modificar notablemente la permeabilidad.

Es importante observar que la temperatura desempeña un papel no despreciable, ya que la viscosidad del agua a las temperaturas normales no es constante; entre 30 °C y 10 °C aumenta más del 50%. El valor de la permeabilidad viene dado con frecuencia para la temperatura normalizada de 20 °C. Se tiene, para otra temperatura T cualquiera:

$$k_T = k_{20}\frac{\eta_{20}}{\eta_T}$$

donde k_{20} y k_T son los coeficientes de permeabilidad a esas temperaturas y η_T y η_{20} los coeficientes de viscosidad.

Permeámetro de carga constante

El permeámetro de carga constante da lugar a las mismas observaciones que el permeámetro de carga variable. Sin embargo, es preciso que el material sea bastante permeable para que, en un tiempo razonable, se pueda recoger una cantidad de agua suficiente para asegurar una medida de caudal correcta. Generalmente, los permeámetros de carga constante se emplean para materiales bastante permeables (k >10^{-3} cm/s). En este caso, el molde cilíndrico en el que se coloca la muestra está comunicado con un depósito en el que se mantiene constante el nivel de agua desaireada. Se mantienen fijos los niveles de agua y se mide la descarga. El volumen de agua que abandona la célula en un tiempo determinado se calcula con precisión mediante una bureta, cuando el suelo es relativamente impermeable, o con una probeta, si se trata de un suelo muy permeable. Las alturas piezométricas en el interior del suelo se miden mediante piezómetros.

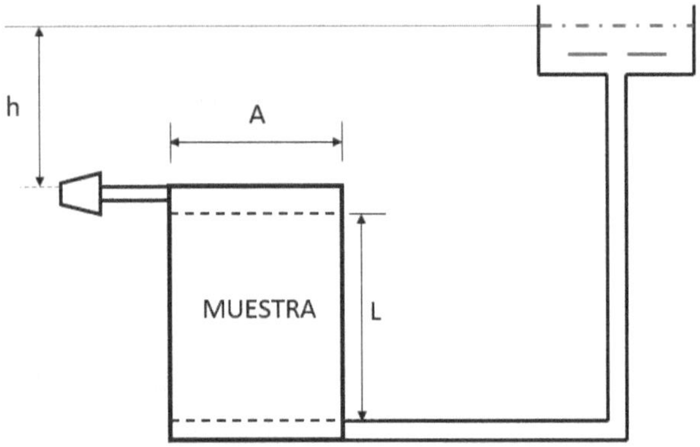

Figura 2.11: Teoría del permeámetro de carga constante.

La teoría de este aparato es inmediata, ya que el gradiente hidráulico es constante. Conocidos *V* e *i* y aplicando la *ley de Darcy*, el coeficiente de permeabilidad viene dado por la fórmula:

$$k = \frac{v}{l} = \frac{V \cdot L}{t \cdot A \cdot h}$$

siendo:

> V = volumen de agua que atraviesa el suelo en el tiempo t.
> A = área de la sección recta de la muestra.
> t = tiempo del ensayo.
> h = diferencia del nivel de agua en los piezómetros extremos.

Para determinar la velocidad de descarga se mide el volumen de agua que atraviesa la muestra en un tiempo dado.

El depósito de nivel constante se puede elevar o bajar mediante una guía o una manivela, lo cual permite realizar ensayos bajo distintos gradientes.

Isotropía y anisotropía

En general, es frecuente que en la naturaleza los suelos aparezcan estratificados, presentando diferentes propiedades según la dirección (*anisotropía*). Cada capa tiene su permeabilidad propia, que influye sobre la permeabilidad del conjunto. Esta permeabilidad, evidentemente, no es la misma si la circulación es paralela o si es perpendicular a los planos de estratificación. Cuando la estratificación es continua, pueden calcularse los coeficientes de permeabilidad medios para dos direcciones perpendiculares, habitualmente según la dirección horizontal y la vertical.

Si se considera un suelo estratificado horizontalmente de espesor total *H*, su propia anisotropía hará que la permeabilidad varíe según la dirección del flujo. La filtración total en dirección horizontal viene dada por la suma de los caudales que atraviesan cada estrato, de espesor H_j y coeficiente de permeabilidad k_j:

$$q = q_1 + q_2 + q_3 + \ldots\ldots\ldots + q_n = \sum_{i=1}^{n} q_i$$

siendo el gradiente hidráulico igual para todos ellos. Considerando una sección vertical de suelo de anchura unitaria, se comprueba que para cada capa i, la *ley de Darcy* establece que:

$$q_i = k_i \cdot i \cdot H_i$$

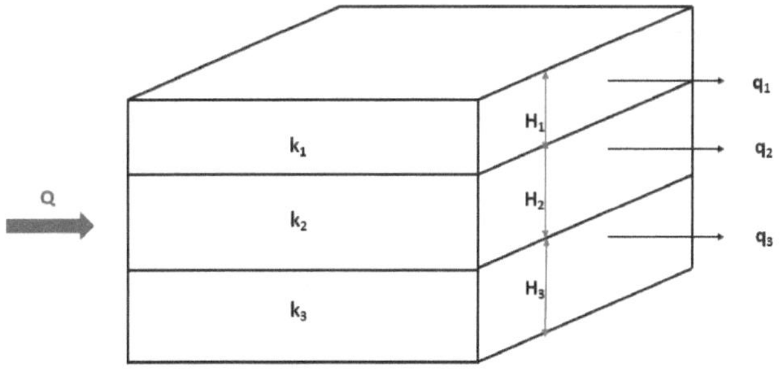

Figura 2.12: Flujo paralelo a la estratificación.

Para el conjunto de los estratos, aplicando la ley de Darcy resulta:

$$Q = A \cdot k_h \cdot i$$

Despejando el valor de k_h:

$$k_h = \frac{Q}{A \cdot i} = \frac{\sum_{i=1}^{n} q_i}{H \cdot i} = \frac{\sum_{i=1}^{n} H_i \cdot k_{hi} \cdot i}{H \cdot i}$$

Por tanto, el coeficiente de permeabilidad media horizontal resulta ser:

$$k_h = \frac{\sum_{i=1}^{n} H_i \cdot k_{hi}}{\sum_{i=1}^{n} H_i}$$

En el caso de que la circulación sea vertical, perpendicular a la estratificación, el principio de continuidad exige que la velocidad de filtración sea la misma al atravesar las distintas capas. Tendremos pues:

$$k_{v1} \cdot i_1 = k_{v2} \cdot i_2 = \cdots = k_{vn} \cdot i_n = k_v \cdot i$$

El gradiente hidráulico será:

$$i = \frac{\Delta h}{H} = \frac{\sum_{i=1}^{n} \Delta h_i}{\sum_{i=1}^{n} H_i}$$

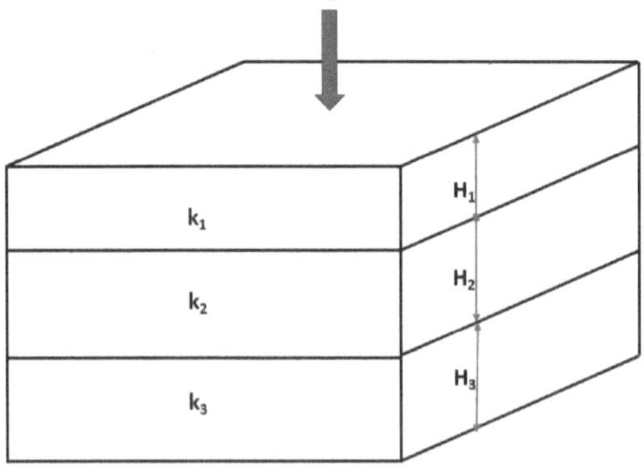

Figura 2.13: Flujo perpendicular a la filtración.

En esta expresión Δh_i representa la pérdida de carga en la capa i, que aplicando la ley de Darcy:

$$\Delta h_i = \frac{v \cdot H_i}{k_{vi}}$$

siendo H_i el espesor de la capa i.

El coeficiente medio vertical ficticio del suelo estratificado es entonces:

$$k_v = \frac{\sum_{i=1}^{n} H_i}{\sum_{i=1}^{n} \frac{H_i}{k_i}}$$

Dado que en la circulación vertical el flujo atraviesa todas las capas, tanto las más permeables como las menos, mientras que en el flujo horizontal tiende a circular por las más permeables, se cumple siempre que $k_h > k_v$. Normalmente, la relación entre ambos valores oscila entre 10 y 20.

A partir de estos coeficientes, se puede obtener el coeficiente de permeabilidad promedio global para el conjunto de estratos, que vendrá dado por la raíz cuadrada del producto de ambos.

Análisis de la filtración

En la práctica las circulaciones de una sola dimensión, en las que las diferentes líneas de corriente son rectilíneas y paralelas, se dan con poca frecuencia, por lo que es necesario abordar el estudio de las circulaciones planas. Para ello tenemos que generalizar la ley de Darcy. Tal como fue formulada anteriormente, la ley de Darcy es una relación de módulos: módulo de gradiente hidráulico y módulo de velocidad; las direcciones no desempeñan ninguna función. En consecuencia, así expresada, la ley no permite por si misma el estudio de circulaciones de varias dimensiones. No obstante, la generalización de la ley de Darcy en un medio homogéneo e isótropo es relativamente fácil: basta considerar que la velocidad de filtración y el gradiente hidráulico son vectores colineales y tangentes a las líneas de corriente.

En los problemas de circulaciones planas, las velocidades son paralelas a un plano ideal y no tienen componente según la dirección perpendicular a dicho plano. Eligiendo como plano ideal el xOz, se tiene:

$$v_x = v_x(x,z) \qquad v_y = 0 \qquad v_z = v_z(x,z)$$

Ecuación diferencial de distribución de potenciales. Resolución numérica

En los problemas de circulaciones planas (flujo bidimensional) el potencial hidráulico es también una función de dos variables. En este caso, para un suelo totalmente saturado, en el que el volumen de agua en los poros permanece constante durante el flujo y en el que el coeficiente de permeabilidad es el mismo en todos los puntos y en cualquier dirección, la pérdida de energía de las partículas de agua al atravesar el suelo viene determinada por la ecuación de Laplace:

$$\frac{\partial^2 h}{\partial x^2} + \frac{\partial^2 h}{\partial z^2} = 0$$

La resolución de esta ecuación diferencial de segundo grado y coeficientes constantes requiere conocer las condiciones de contorno a aplicar, que son las fronteras que definen el dominio afectado por el flujo:

- Frontera en la que el potencial es conocido.
- Frontera impermeable, en la que la componente de la velocidad normal a ella es nula.
- Superficie libre en los casos de flujo no confinado. En esta frontera la presión del agua es nula (h=z) y la componente de la velocidad normal a ella también, desconociéndose a priori la posición de dicha línea.

La solución de la ecuación de Laplace son dos familias de curvas paralelas, que se intersectan en ángulo recto. Una de estas familias de curvas son las líneas de flujo o líneas de corriente, que representan los caminos que siguen las partículas de agua en su movimiento. La otra familia la forman las líneas equipotenciales, en las cuales todos los puntos tienen igual altura piezométrica. Son curvas de nivel de igual energía.

La ecuación de Laplace puede resolverse de forma analítica, numérica, analógica y gráfica. La resolución analítica es la resolución directa de la ecuación diferencial. Sólo puede realizarse en los casos de dominios de flujo definidos por contornos extremadamente sencillos, como es el caso de un pozo en un acuífero confinado.

Numéricamente, la ecuación de Laplace puede resolverse empleando métodos de diferencias finitas o métodos de elementos finitos.

La resolución analógica emplea modelos analógicos en los que el medio permeable se sustituye por un material conductor. Se aplican los potenciales eléctricos en el contorno y se mide el potencial en cada punto del modelo.

Resolución gráfica

La representación gráfica de las líneas de flujo y de las equipotenciales se denomina red de flujo o red de filtración, lo que constituye un instrumento poderoso para la solución de filtraciones de agua. Una red de flujo bien construida debe representar una solución exacta de la ecuación de Laplace, permitiendo definir la dirección que seguirá el flujo de agua y determinar la presión del agua y el gradiente hidráulico en cualquier punto de la red.

Para resolver los problemas de flujo estacionario en dos dimensiones se utiliza el método gráfico de Forcheimer, que consiste en dibujar líneas de corriente y líneas equipotenciales a intervalos constantes, de tal manera que el intervalo de caída de potencial sea igual al intervalo de los canales de corrientes, obteniendo una malla constituida por un sistema de cuadrados curvilíneos, siempre formados por ángulos rectos. En esta red las líneas equipotenciales dividen la zona en donde se produce el flujo en una serie de caídas de potencial, y las líneas de corriente en una serie de canales de flujo o canales de corriente por los que circula el mismo caudal. Por consiguiente, si N_f es el número total de canales de flujo que contiene la red completa, N_D el número de caídas de potencial de la misma y Δh la caída de potencial total en la red, resulta que el caudal total que la atraviesa será:

$$Q = k \cdot \Delta h \cdot \frac{N_f}{N_D}$$

A la hora de dibujar la red de filtración se debe tener en cuenta que el agua a través de un suelo saturado tiende a seguir el camino más corto entre un punto y otro y que, al mismo tiempo, los cambios de dirección los hace solamente por curvas suaves. Por tanto, las líneas de flujo son líneas curvas que tienen cierto paralelismo, como un manojo de gomas ligeramente estiradas del punto de mayor al de menor carga hidráulica, pues el agua se mueve de los niveles de mayor energía a los niveles de menor energía, siguiendo los caminos de gradientes de máxima energía. Por otro lado, se debe tener también en cuenta que el primer paso para resolver un problema de flujo es la especificación de las condiciones de frontera o de contorno, para lo cual es necesario determinar las características geométricas e hidráulicas de las superficies extremas que delimitan el dominio del flujo.

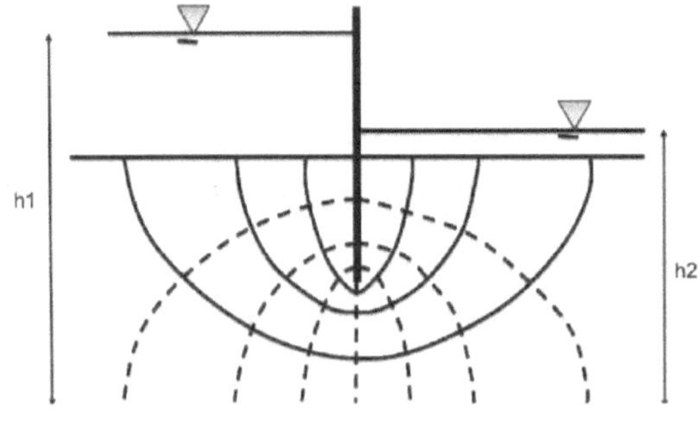

Figura 2.14: Red de flujo para tablaestaca.

A continuación, se detallan una serie de recomendaciones a seguir para lograr una construcción adecuada de una red de flujo.

1. Se hace un dibujo a escala: misma escala vertical que horizontal del dominio del flujo (formado por la masa de suelo afectada por la circulación del agua, los límites permeables a través de los cuales el agua entra y sale del suelo y los límites impermeables que limitan o confinan el flujo). Todas las líneas de corriente empezarán y terminarán en los límites permeables; todas las líneas equipotenciales terminarán y empezarán en los límites impermeables.

2. Se dibujan de 2 a 4 líneas de flujo que formen ángulos rectos a la entrada y a la salida con la equipotencial correspondiente y que sean, aproximadamente, paralelos a los límites impermeables, considerando, además, que la separación entre ellas se incrementa en la dirección del mayor radio de curvatura (línea menos curva). Se podrían trazar las líneas equipotenciales, pero suele ser más fácil e intuitivo trazar las líneas de corriente primero.

3. Se trazan tentativamente líneas equipotenciales, teniendo en cuenta que deben cortar a las de flujo en ángulo recto, formando cuadrados, de manera que el ancho y el largo de cada figura sean iguales, excepto en los puntos singulares (por ejemplo, en los puntos de salida de agua los cuadrados se deforman, pudiendo ser complicada su representación).

4. Se ajusta la posición de las líneas de corriente y equipotenciales, hasta lograr la correcta ortogonalidad entre ellas (todas las intersecciones en ángulos rectos) y la formación de cuadrados curvilíneos de forma que el largo y ancho de cada figura sean iguales).

5. Una vez trazada la red de flujo con un número adecuado de líneas, puede comprobarse la bondad del dibujo de la red si, al trazar las líneas diagonales de los cuadrados, se obtienen curvas suaves que a su vez forman una red ortogonal.

Método de Casagrande para superficie libre en presas de materiales sueltos

Una presa de material suelto es un terraplén artificial construido con materiales tipo suelo (materiales de grano fino y suelos rocosos fracturados). En las presas de material suelto, la filtración del agua puede ocurrir tanto por la cimentación bajo la presa como por el cuerpo de la misma.

En los problemas de filtración bajo la presa, las posiciones de las fronteras impermeables limitan y confinan la masa de suelo infiltrado y las fronteras permeables determinan las superficies de entrada y salida del agua. Sin embargo, la posición de la frontera superior de flujo no está definida. Esta frontera está a presión atmosférica y se denomina superficie de agua libre, superficie freática o, simplemente, línea superior de corriente. En consecuencia, para dibujar la red de flujo en estos problemas es necesario determinar previamente la posición de la línea superior de corriente. Las soluciones matemáticas aproximadas sugieren que la gran parte de la longitud de la línea superior tiene forma de parábola. En el caso de una presa construida sin drenaje horizontal, la determinación de la superficie libre se hace utilizando el método gráfico propuesto por Casagrande.

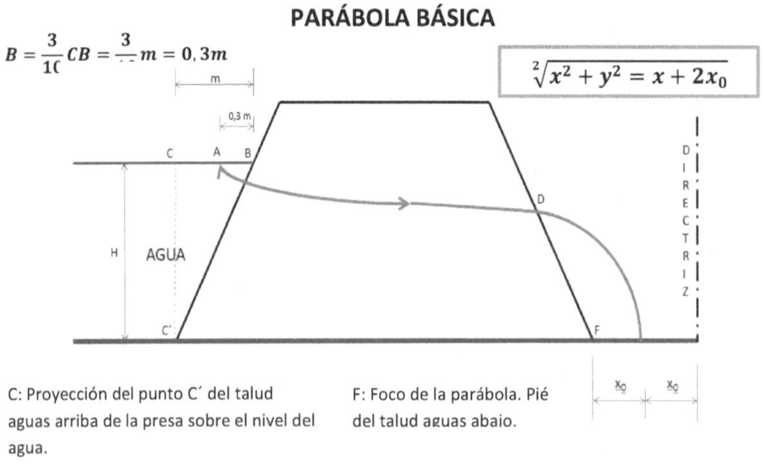

Figura 2.15: Determinación de la parábola básica por el método gráfico de Casagrande.

Si es H la profundidad del agua en el talud aguas arriba de la presa y B el punto de entrada real, se supone un punto inicial A para establecer la parábola básica tal que AB = 0,3 CB, siendo C la proyección del punto C´ del talud aguas arriba de la presa sobre el nivel de agua. La parábola básica se dibuja con foco en el punto F, pie del talud aguas debajo de la presa sobre la base impermeable (o con el nivel de agua sí existiera). Para hacerlo se dibuja primero la posición de la directriz teniendo en cuenta que AF = AD. En una pequeña parte cerca al límite aguas arriba se hace una pequeña corrección a mano alzada, invirtiendo la curvatura para satisfacer la condición de entrada real, que implica que la línea de corriente debe empezar en B formando un ángulo recto con la cara aguas arriba, que es una línea equipotencial en la frontera. Además, hay que tener en cuenta que en la salida la línea de corriente también se desvía de la parábola básica, ya que debe satisfacer la condición de tangencia con el talud aguas abajo.

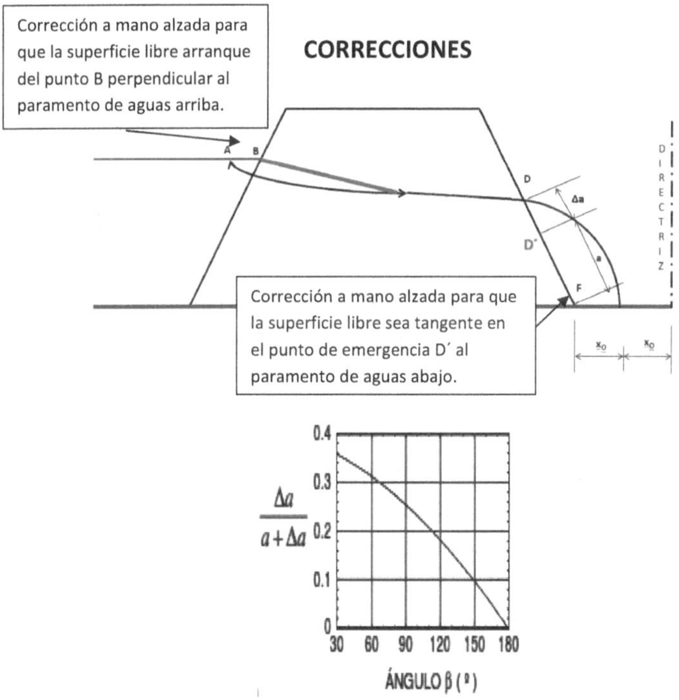

Figura 2.16: Presa sin dren de pie. Determinación punto de surgencia.

El método para determinar el punto real de surgencia D´ depende del ángulo del talud. Viene determinada por la siguiente expresión, donde d representa la distancia de y α el ángulo del talud aguas abajo.

$$a = \frac{d}{\cos\alpha} - \sqrt{\left(\frac{d^2}{cos^2\alpha} - \frac{H^2}{sen^2\alpha}\right)}$$

Para ángulos pronunciados, superiores a 30°, se puede utilizar la relación propuesta por Casagrande para obtener Δa en función de (Δa+a), la cual se mide en la figura 2.16 en función del valor del ángulo α.

Una vez determinada la posición de la línea superior de flujo, se puede dibujar la red de flujo a través del cuerpo de la presa, teniendo en cuenta que las condiciones de contorno son las siguientes:

- Frontera suelo infiltrado-suelo impermeable (Línea BC). A través de esta frontera impermeable no fluye agua, siendo nula la componente de la velocidad de infiltración normal a ella (v_n= 0). Define una línea de corriente.

- Frontera agua-suelo impermeable infiltrado (Líneas AB y DC). La distribución de presión en estas líneas es hidrostática. La carga hidráulica (igual a la altura de presión más la altura de posición) es contante, por lo que definen las dos líneas equipotenciales extremas de la red.

- Frontera suelo permeable no infiltrado-suelo permeable infiltrado (Línea AB). Es la línea superior de flujo o corriente, por lo que la componente de la velocidad de infiltración normal a ella es nula (v_n= 0). La presión en todos los puntos de esta línea es igual a la atmosférica (u=0), por lo que la carga hidráulica en cada uno de sus puntos será la altura de posición (h= z).

- Frontera suelo infiltrado-aire (Línea DE). No es ni una línea equipotencial ni una línea de corriente. Es la línea de descarga libre. La presión en toda ella es la atmosférica (u= 0) y la carga hidráulica igual a la altura de posición (h= z).

Medios anisótropos

En los terrenos naturales sedimentarios o compactados por tongadas, la permeabilidad es mayor en las direcciones de la estratificación. En estos casos, la permeabilidad se considera como un operador tensional y la generalización de la ley de Darcy se escribe de la forma siguiente:

$$\bar{v} = k \cdot \bar{\imath} = -\begin{pmatrix} k_{xx} & k_{xy} & k_{xz} \\ k_{yx} & k_{yy} & k_{yz} \\ k_{zx} & k_{zy} & k_{zz} \end{pmatrix} \cdot \begin{pmatrix} i_x \\ i_y \\ i_z \end{pmatrix}$$

En el caso más común en que la estratificación sea horizontal resulta:

$k_{xx}= k_{yy}= k_h$

$k_{zz} = k_v$

$k_{xy} = k_{xz}= k_{yz} = 0$

Entonces, la ecuación de distribución de potenciales hidráulicos tiene la forma siguiente:

$$k_{xx}\frac{\partial^2 h}{\partial x^2} + k_{yy}\frac{\partial^2 h}{\partial y^2} + k_{zz}\frac{\partial^2 h}{\partial z^2} = 0$$

En este caso el vector velocidad de filtración ya no es paralelo al gradiente hidráulico y la ecuación de filtración no es la ecuación de Laplace por lo que, su solución, las líneas de corriente y equipotenciales no son ortogonales.

Para resolver el problema, se realiza un sencillo cambio de variable en las coordenadas, de manera que desaparezcan los coeficientes en la ecuación anterior. Dicho cambio de variable se conoce como transformación de Samsioë.

$$x` = x\sqrt{\frac{a}{k_x}}$$

$$y' = y\sqrt{\frac{a}{k_y}}$$

Siendo *a* una constante arbitraria; un número positivo cualquiera. Haciendo $a = k_y$, el eje *y* no cambia, con lo cual el potencial tampoco es afectado. Entonces el cambio que se utiliza es:

$$x` = x\sqrt{\frac{a}{k_x}}$$

$$y' = y$$

En los ejes (x′, y′) el medio transformado ya es isótropo, resultando las líneas de corriente y equipotenciales ortogonales. El cambio supone, simplemente, una reducción de las dimensiones horizontales del dominio del flujo. El análisis de la filtración se resuelve en el medio transformado como si fuera un medio isótropo y luego se deshace la transformación.

Efectos de la filtración

La filtración de agua a través del suelo supone una alteración de sus presiones respecto a la hidrostática. Como ya vimos, cuando el agua está en reposo su presión aumenta linealmente con la profundidad por debajo del nivel freático. Si existe una filtración descendente, ocurrirá que el potencial disminuye con la profundidad (el agua se filtra de los puntos de mayor a menor carga hidráulica) y, teniendo en cuenta la definición de potencial hidráulico, la presión del agua crece con la profundidad más lentamente que en reposo. Por el contrario, cuando la filtración es hacia arriba, el potencial hidráulico es mayor a mayor profundidad y la presión de agua crece más rápidamente que en reposo. Si el gradiente hidráulico i es suficientemente elevado, la presión del agua puede llegar a igualar el peso total saturado de la columna de suelo ($\gamma_{sat} \cdot z$). Al ocurrir esto los granos no soportan ninguna tensión, transformándose el material en una suspensión de partículas en agua. A este fenómeno se le denomina sifonamiento y puede ocurrir con consecuencias catastróficas en el fondo de excavaciones bajo el nivel freático, siendo también causa de las llamadas arenas movedizas.

El gradiente hidráulico necesario para producir este fenómeno se denomina gradiente hidráulico crítico y, cuando el nivel de agua está en superficie o por encima, se obtiene a través de la siguiente expresión:

$$\gamma_w \cdot (1 + i_{cr}) = \gamma_{sat}$$

O sea:

$$i_{cr} = \frac{\gamma_{sat} - \gamma_w}{\gamma_w} = \frac{\gamma'}{\gamma_w}$$

En la figura 2.17 se representa el potencial hidráulico y la presión de agua en función de la profundidad (considerando positivo el valor de z representado en ordenadas hacia arriba) para el agua en reposo y para flujo vertical ascendente y descendente.

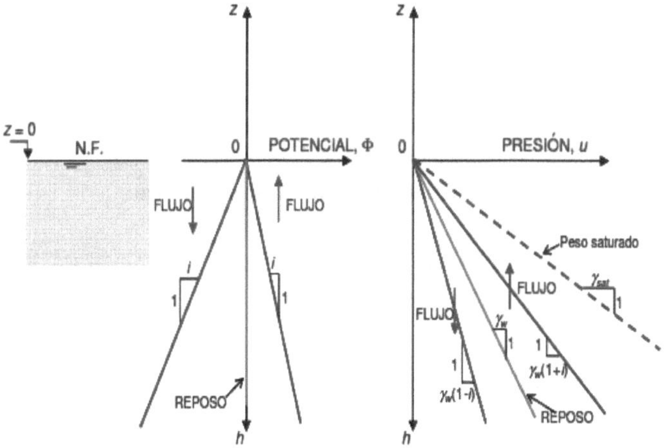

Figura 2.17: Potencial hidráulico y presión de agua en reposo con flujo vertical ascendente y descendente (Grupo de Geotecnia de la Universidad de Cantabria).

Otro fenómeno debido a la filtración del agua a través del suelo es la tubificación o erosión interna. En el interior de un suelo uniforme, cada partícula es retenida en su sitio por la influencia de las que la rodean. Si la filtración aflora al exterior y el gradiente hidráulico es suficientemente fuerte, las partículas situadas en el contorno no están sujetas y pueden ser arrastradas. De esta forma las partículas situadas por detrás quedan ahora en contacto con el exterior y pueden a su vez ser arrastradas.

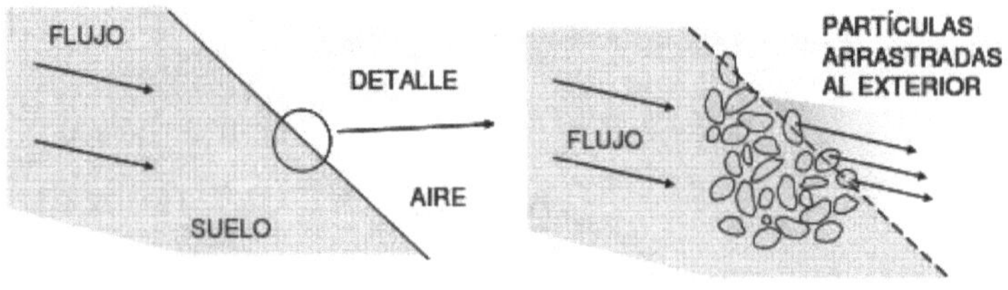

Afloramiento del flujo al exterior

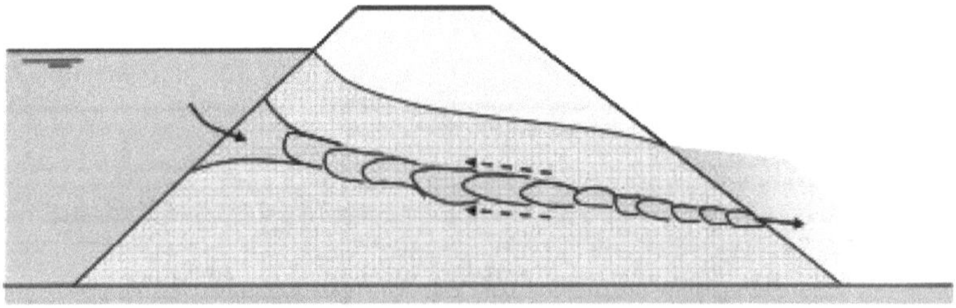

Regresión o tubificación interna.

Figura 2.18: Tubificación o erosión interna (Grupo de Geotecnia de la Universidad de Cantabria).

Este fenómeno progresivo hacia atrás da lugar a la formación en el interior del suelo de unos tubos que pueden debilitar la resistencia y estabilidad de la estructura, de ahí se también se conozca como erosión interna. En la figura 2.18 se ilustra cómo se produce el fenómeno de la tubificación.

Módulo 3:

ESTADOS TENSIONALES DEL TERRENO

Definición de estado tensional

En los módulos anteriores hemos estudiado las relaciones ponderales y volumétricas entre las distintas fases que constituyen un suelo y la distribución de presiones en la fase líquida. En este módulo vamos a tratar las tensiones existentes en la fase sólida, así como la interacción mutua entre las fases del suelo. Este estudio servirá de base para el análisis del comportamiento mecánico que se realiza en los módulos posteriores.

Para explicar el comportamiento ingenieril de los suelos es necesario tener claro el concepto de esfuerzo en una masa de suelo (fuerza por unidad de superficie) y la manera como el esfuerzo, que actúa sobre el suelo como un todo, se relaciona con los esfuerzos que se desarrollan dentro del esqueleto del suelo y del fluido intersticial. Además, para resolver problemas de ingeniería debemos evaluar los esfuerzos que actúan en un punto de la masa de suelo debido a su propio peso (esfuerzos de sobrecarga), determinar el cambio de esfuerzos que se induce en el suelo debido a la acción de la carga o descarga y determinar las deformaciones de la masa de suelo (principalmente los asentamientos) debidos a tales esfuerzos.

El esfuerzo sobre un punto de una masa de suelo no es el mismo en todas las direcciones. Es importante estudiar el estado general de esfuerzos que existe en un punto dentro de la masa de suelo y considerar las relaciones entre los esfuerzos actuantes en direcciones diferentes. En los problemas de ingeniería interesan los esfuerzos que actúan en una dirección particular: esfuerzos que actúan en dirección vertical, caso del estudio de la capacidad portante y de los asentamientos de cimentaciones; y esfuerzos que actúan en dirección horizontal, cuando se estudian presiones de tierras sobre muros de contención.

Cuando un cuerpo está sometido a cargas externas sufre una *deformación* a la cual se oponen las tensiones. La *tensión* es una intensidad de fuerza (fuerza por unidad de superficie) que actúa en el interior de un cuerpo sometido a solicitaciones mecánicas (compresión o tracción) como reacción a la deformación que éstas le producen. La tensión se define como el cociente entre la fuerza que actúa sobre una superficie elemental y dicha superficie. Dependiendo de la inclinación del plano con que se seccione el sólido se tendrán distintos vectores tensión. Por lo tanto, los infinitos planos pasantes por un punto tienen asociados a ellos tensiones.

Las tensiones presentan orientaciones e inclinaciones diversas, pero cada una de ella es descomponible en dos direcciones perpendiculares entre sí, una normal a la sección sobre la que actúa la tensión y otra contenida en la traza intersección: son las componentes *normal* y *tangencial* o *cortante* de la tensión. La componente *normal* se obtiene proyectando el vector tensión sobre la normal a la sección considerada. Se designa por σ. La componente *tangencial* o *cortante* se obtiene proyectando el vector tensión sobre la traza de la sección considerada. Se designa por τ.

En la Teoría de la Elasticidad, el estado tensional en un punto de un medio viene representado por todos los vectores tensión que actúan sobre cada uno de los infinitos planos de acción que pasan por ese punto. Por tanto, hay un número infinito, un haz de vectores tensión, relativas a un punto de un medio.

En los casos de muros de contención, terraplenes, cortes y cimentaciones corridas, la masa de suelo sometida a esfuerzo es a menudo muy grande en una dirección. Para esta geometría típica, las deformaciones de la masa de suelo en esa dirección solo se producen localmente en los bordes de la estructura y las condiciones de la mayor parte de la masa de suelo se aproximan a las condiciones de deformación plana. Por tanto, al tomar espesores unitarios de la masa de suelo en esa dirección, el problema se reduce a un análisis bidimensional de esfuerzos, en el cual únicamente es necesario considerar los esfuerzos en el plano perpendicular a aquella dirección.

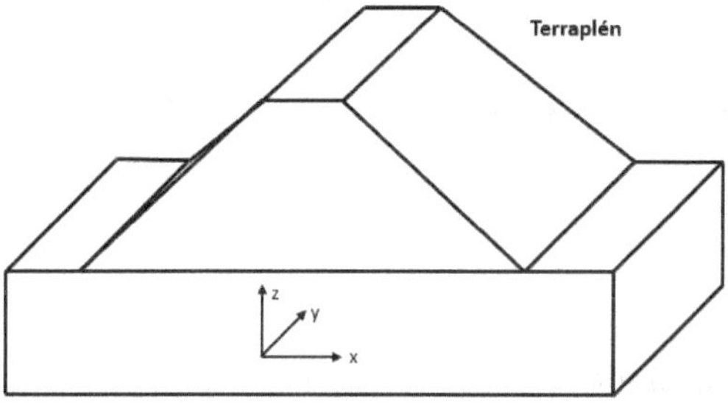

Figura 3.1: Terraplén: típico problema de deformaciones planas.

En un estado tensional plano todos los vectores representativos de las tensiones asociados a un punto del medio están contenidos en un plano y dichos vectores tensión actúan sobre el haz de planos que, pasando por ese punto, son perpendiculares a dicho plano. En un estado de tensiones plano continuo, las componentes normal y tangencial de las tensiones paralelas a la normal de ese determinado plano son nulas en todos los puntos del medio.

El estado tensional plano que resulta en cada cara de un volumen elemental de un medio continuo se caracteriza por una componente de tensión normal y una componente de esfuerzo cortante, cada una de las cuales se identifica con un sufijo direccional relacionado con las dos direcciones de referencia x, z (tomando este plano como el que contiene los vectores tensión).

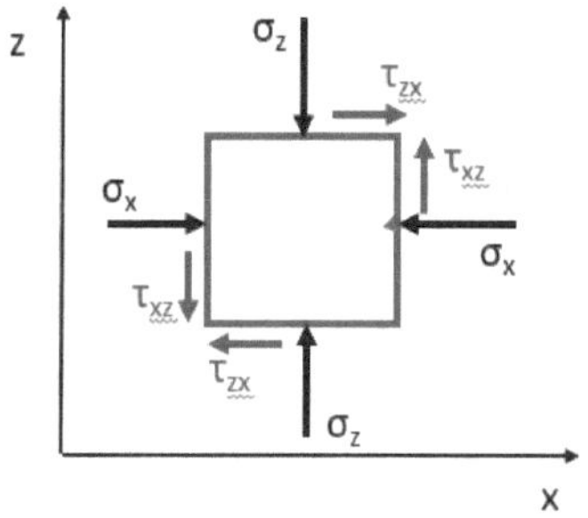

Figura 3.2: Tensor de tensiones.

Según la Teoría de la Elasticidad, el estado de tensiones plano en un punto está definido cuando se conocen las tensiones en ese punto asociadas a dos planos cualesquiera paralelos al eje y, mutuamente perpendiculares entre sí.

Sistema trifásico

En un material continuo, la tensión que actúa sobre un plano cualquiera que pasa por un determinado punto se define como la fuerza (con su componente normal y tangencial) que actúa por unidad de superficie de dicho plano. Sin embargo, en el caso del suelo parte de esta superficie está ocupada por materia sólida y parte por huecos rellenos de agua y/o aire. Se precisa entonces definir con más detalle lo que se entiende por tensión y en qué forma interviene cada una de las fases en su distribución. Efectivamente, las diferentes fases que constituyen un suelo no están regidas por las mismas leyes y no es posible considerar que el complejo sólido-líquido y gas se comporte como un todo homogéneo al que se pueda aplicar una única ley. A estos efectos, y aun prescindiendo del distinto tamaño de las partículas, un suelo no puede considerarse como homogéneo, pues tanto si está saturado como si no lo está, la fase sólida y la líquida o gaseosa, en su caso, no están regidas por las mismas leyes. La noción de tensión efectiva, introducida por Terzaghi, condujo a la solución satisfactoria de este problema, constituyendo el punto clave de la Mecánica del Suelo.

Principio de las tensiones efectivas

Terzaghi ha postulado la separación de las tensiones aplicadas a un suelo (complejo sólido-líquido), según que éstas se transmitan a través de las partículas o a través del agua intersticial. La razón de esta separación está en el distinto comportamiento y en los efectos que producen dichas tensiones sobre las propiedades mecánicas. La idea fundamental de Terzaghi consiste en postular la existencia de una tensión efectiva que rige el comportamiento del esqueleto granular y del suelo. Este postulado de existencia, que para Terzaghi se trata de un resultado deducido de sus investigaciones experimentales y no de consideraciones teóricas, es lo que a veces se llama "principio de tensiones efectivas".

Terzaghi ha proporcionado también la forma de calcular el valor de las tensiones efectivas. Para ello descompone la presión normal total en cualquier punto de un suelo saturado en dos componentes, la tensión neutra u, que no tiene influencia sobre las propiedades mecánicas, y la tensión efectiva σ´, que produce modificación de las propiedades relacionadas con la compresibilidad y con la resistencia a cizallamiento. Es decir

$$\sigma = \sigma' + u$$

Esta fórmula puede interpretarse de forma sencilla diciendo que la tensión total es la suma de la tensión efectiva σ´ soportada por los granos, y la presión del fluido u, pero esta interpretación es peligrosa porque asimila la tensión efectiva a la tensión de contacto soportada por los granos sólidos. Hay que advertir que este resultado es prácticamente correcto en el caso de los suelos, pero puede resultar inexacto para medios porosos como el hormigón o ciertas calizas. Además, en el caso de las arcillas, cuyos granos están envueltos por capas absorbidas, la noción de tensión de contacto, es decir, la tensión transmitida de grano a grano no tiene mucha significación, mientras que la tensión efectiva conserva todo su sentido.

En los suelos secos, en los que el aire que ocupa los poros está en libre comunicación con el exterior, las tensiones efectivas son idénticas a las tensiones totales, calculadas despreciando la presión atmosférica. Como esta última hipótesis es frecuente y a menudo implícita, se suele decir que en los suelos secos las tensiones efectivas se confunden con las tensiones totales. El estudio de los suelos secos permite, pues, precisar las leyes a las cuáles obedecen las tensiones efectivas.

Desde que Terzaghi definió las tensiones efectivas en 1923, varios investigadores han confirmado sus resultados. Actualmente, el acuerdo es general en lo que respecta a los suelos, tanto incoherentes como coherentes. Las fórmulas de Terzaghi han respondido perfectamente a las experiencias. En definitiva, puede estudiarse el comportamiento del suelo considerando de una parte las tensiones efectivas que rigen la deformación y la resistencia del esqueleto granular y, por otra, la presión del fluido (presión del aire o presión intersticial del agua), cuyo cálculo pertenece a la Mecánica de Fluidos o a la Hidráulica.

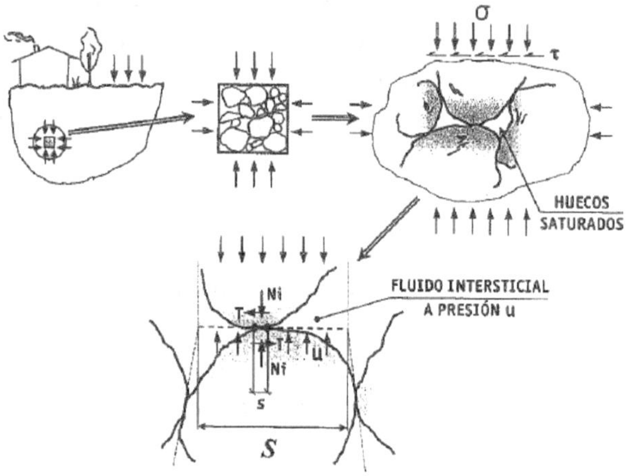

Figura 3.3: Tensiones elementales en el suelo.

Considerando un corte de suelo, de área elemental S, que pase a través de la superficie de contacto entre dos partículas, si igualamos la fuerza total normal N, que actúa sobre S, con la fuerza intersticial y la intergranular normal, tendremos:

$$N = u \cdot (S - s) + N_i$$

Dividiendo por S y operando, resulta:

$$\frac{N}{S} = u \cdot \left(1 - \frac{s}{S}\right) + \frac{N_i}{S}$$

siendo:

$\sigma_i = \frac{N_i}{S}$, a la que designaremos con el nombre de "presión intergranular".

$\sigma = \frac{N}{S}$, que es la "presión total".

Con los suelos y presiones normalmente empleados en ingeniería, s/S suele ser sumamente pequeño, por lo cual, a efectos prácticos, es despreciable y la fórmula anterior se reduce a:

$$\sigma = \sigma' + u$$

En estas circunstancias, en las que s/S es prácticamente igual a cero, Terzaghi encontró que σ_i es la presión de la cual depende la compresión y la resistencia al esfuerzo cortante de un suelo, es decir, que la "presión intergranular" es la "presión efectiva" σ'. Sustituyendo σ_i por σ' obtendremos la "ley de Terzaghi" o principio de presión efectiva, quizás la ley más importante de la mecánica del suelo:

$$\sigma' = \sigma - u$$

fórmula que ha sido demostrada experimentalmente repetidas veces para presiones normales, como ya se ha indicado anteriormente, y en la que se ve claramente porqué se designa también con el nombre de presión neutra a la presión intersticial.

Elasticidad. Ley de Hooke

El concepto de elasticidad se aplica a los cuerpos para los que se verifica una relación de proporcionalidad directa, constante y lineal entre la tensión a la que se les somete y la deformación que experimentan. La ley de Hooke o ley de elasticidad (originalmente formulada para casos de estiramiento longitudinal) es muy simple y solo involucra a dos constantes: el *módulo de Young* y el *índice de Poisson*.

El módulo de Young o módulo de elasticidad longitudinal es un parámetro que caracteriza el comportamiento de un material elástico, según la dirección en la que se aplica una fuerza. Para un material elástico lineal e isótropo, el *módulo de Young* tiene el mismo valor para una tracción que para una compresión, siendo una constante independiente del esfuerzo, siempre que no exceda de un valor máximo denominado *límite elástico*, es decir, para valores de tensión dentro del rango de reversibilidad completa de deformaciones, y es siempre mayor que cero: si se tracciona una barra aumenta de longitud. Tanto el módulo de Young como el límite elástico son distintos para los diversos materiales y pueden encontrarse empíricamente mediante ensayos de laboratorio. El valor del módulo de Young se define como el cociente entre la tensión y la deformación producida en el material:

$$E = \frac{\sigma}{\varepsilon} = \frac{\frac{F}{S}}{\frac{\Delta L}{L}}$$

donde:

E: es el módulo de elasticidad longitudinal o módulo de Young.

σ: es la tensión ejercida sobre el área de la sección transversal del elemento (tensión=fuerza/área).

ε: es la deformación unitaria, entendida como la relación entre el cambio de longitud con respecto a la longitud inicial.

La fórmula anterior se puede expresar también de la forma siguiente:

$$\sigma = E \cdot \varepsilon$$

Así, considerando dos barras o prismas mecánicos geométricamente idénticos, pero de materiales elásticos diferentes, al someter a ambas barras a deformaciones idénticas, se inducirán mayores tensiones cuanto mayor sea el módulo de elasticidad. Además, las deformaciones resultan menores para el material con mayor módulo de elasticidad.

Es importante tener en cuenta que los suelos se diferencian mucho de otros materiales debido a su naturaleza porosa y compuesta de partículas. Los suelos no son cuerpos ni rígidos, ni continuos, ni homogéneos, ni elásticos. Por lo tanto, la determinación de los esfuerzos y deformaciones en los suelos es una tarea muy difícil, ya que no cumplen las hipótesis establecidas para la teoría elástica. Sin embargo, en los estudios geotécnicos el análisis se realiza a escala macroscópica y, en estas condiciones, se asimila el suelo (material discontinuo) a un medio continuo en el cual se define un estado tensional equivalente a las fuerzas y presiones existentes en un punto interior del suelo. En este análisis es necesario, además, asumir que las deformaciones son pequeñas (infinitesimales) y que el suelo solo puede sostener esfuerzos de compresión. Asimilar el suelo a un material isotrópico y a un medio continuo, homogéneo y elástico facilita mucho el análisis para poder predecir el comportamiento de los suelos cuando son sometidos a cargas externas, ya que permite aplicar el principio de la mecánica de los cuerpos elásticos a los suelos y, en consecuencia, solo se precisa determinar el módulo de Young y el índice de Poisson mediante ensayos de laboratorio.

No obstante, independientemente de que en algún caso particular pueda resultar útil usar valores del módulo de elasticidad e índice de Poisson, debe tenerse en cuenta que éstos no son constantes de un suelo, sino más bien magnitudes que describen aproximadamente el comportamiento de un suelo para un estado de esfuerzos dado y que cambiarán, quizás radicalmente, si cambia el estado de esfuerzos o si los esfuerzos se aplican de distinta manera. También tenemos que tener en cuenta que el comportamiento del material perfectamente elástico solo depende de sus condiciones, inicial y final, independientemente del camino que sigan durante la carga y descarga, presentando en consecuencia un comportamiento lineal. En cambio, el comportamiento de los suelos no solo depende de su condición inicial y final, sino que además depende del camino seguido durante la carga y descarga y de la historia de esfuerzos previa a las mismas.

Direcciones y tensiones principales

En la Teoría de la Elasticidad se demuestra que existen planos ortogonales entre sí llamados *principales de esfuerzos*, en los que los esfuerzos tangenciales son nulos, existiendo únicamente esfuerzos normales (figura 3.4). Las tensiones correspondientes se denominan *principales*.

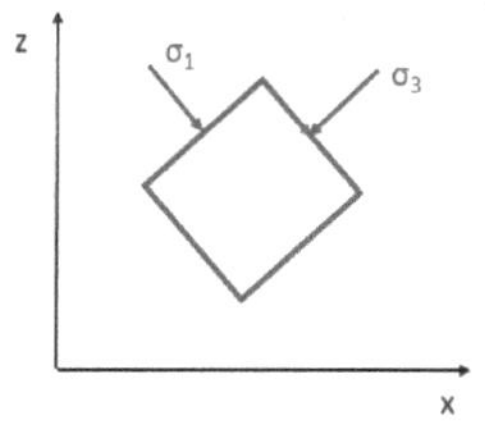

Figura 3.4: Planos y tensiones principales.

En un estado tensional plano hay dos planos principales con su correspondiente tensión principal asociada. Una de éstas es la mayor de todas las tensiones normales en el punto considerado. La otra es la menor. Es costumbre representar por σ_1 la tensión principal *mayor* y por σ_3 la tensión principal *menor*. Estas dos tensiones principales definen el plano que contiene los vectores representativos de las tensiones actuantes sobre el haz perpendicular de planos de acción relativos a un punto del medio, conjunto de vectores tensión que definen el estado tensional plano en dicho punto.

Círculo de Mohr

Para realizar el análisis bidimensional de tensiones en un elemento de suelo, utilizaremos la representación gráfica de Mohr, quien estableció que los vectores tensión asociados a los distintos planos pasantes por un punto pueden representarse por un punto en un plano coordenado (σ, τ). Cada punto representativo de la tensión en el plano (σ, τ) se obtiene llevando en abscisas la componente normal de la tensión y en ordenadas la tangencial. Así, toda tensión asociada a un plano de acción pasante por un punto M de un medio viene representada por un punto del plano (σ, τ), pero hay que advertir que no todo punto de dicho plano representa una tensión actuante sobre un plano que pasa por M. En el análisis tendremos también en cuenta el convenio de signos siguiente, que es el adoptado en Mecánica de Suelos: Las compresiones son positivas, ya que en los problemas geotécnicos éstas predominan sobre las tracciones. La componente tangencial es positiva, si vista desde el interior del sólido, se la ve girar en sentido contrario a las agujas del reloj (figura 3.5).

En un estado tensional plano el lugar geométrico de los puntos del plano (σ, τ) que representan tensiones asociadas a los planos que pasan por M es una circunferencia que recibe el nombre de círculo de Mohr, que está definida por las tensiones principales extremas. Para demostrarlo vamos a estudiar el estado tensional para los diferentes planos de acción relativos a un punto del medio M y las dos direcciones de las tensiones principales extremas σ_1 y σ_3, que se suponen conocidas.

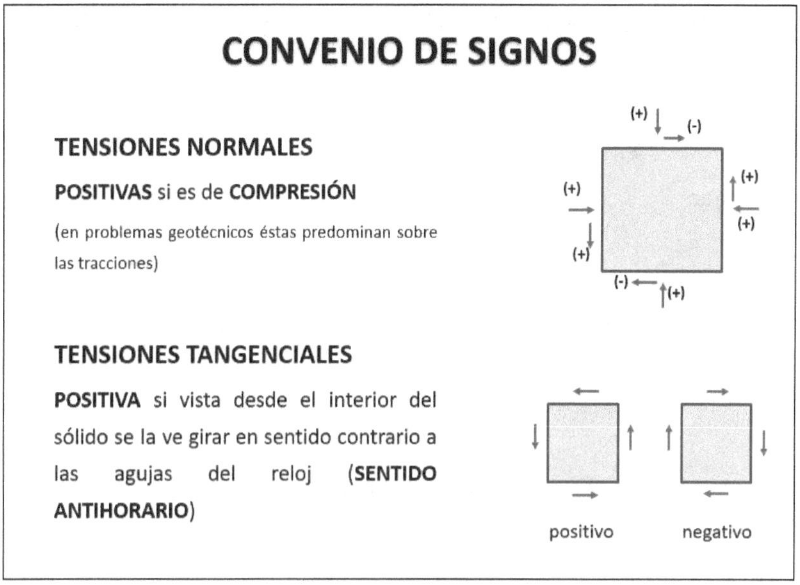

Figura 3.5: Convenio de signos.

Consideremos un plano por M cuya traza forma un ángulo θ con la traza del plano sobre el que actúa la tensión principal mayor (o lo que es lo mismo, con la dirección de la tensión principal menor). El ángulo θ se mide en el sentido contrario a las agujas del reloj. El ángulo δ mide la desviación entre la componente normal de la tensión y la resultante en el plano de acción considerado. Se genera en el sentido de las aguas del reloj, que se considera positivo por corresponder a un valor positivo del esfuerzo cortante. Para averiguar la tensión que existe sobre el plano de acción considerado, determinamos, en primer lugar, los esfuerzos elementales que actúan sobre cada plano y supondremos que el elemento está en equilibrio. Las fuerzas elementales son:

Sobre la superficie dA_1: $\sigma_1 \cdot dA_1 = \sigma_1 \cdot \cos\theta \cdot dA$

Sobre la superficie dA_3: $\sigma_3 \cdot dA_3 = \sigma_3 \cdot \sin\theta \cdot dA$

Sobre la superficie dA: $\sigma \cdot dA$

$\tau \cdot dA$

La condición de equilibrio supone la igualdad de las fuerzas actuantes:

$$\sigma \cdot dA = \sigma_1 \cdot cos^2\theta \cdot dA + \sigma_3 \cdot sen^2\theta \cdot dA$$

$$\tau \cdot dA = \sigma_1 \cdot \cos\theta \cdot \operatorname{sen}\theta \cdot dA - \sigma_3 \cdot \cos\theta \cdot \operatorname{sen}\theta \cdot dA$$

Operando:

$$\sigma = \sigma_1 \cdot cos^2\theta + \sigma_3 \cdot sen^2\theta$$

$$\tau = \sigma_1 \cdot \cos\theta \cdot \operatorname{sen}\theta - \sigma_3 \cdot \cos\theta \cdot \operatorname{sen}\theta$$

Teniendo en cuenta las expresiones trigonométricas:

$$1 = cos^2\theta + sen^2\theta$$

$$\operatorname{sen} 2\theta = 2 \cdot \operatorname{sen}\theta \cdot \cos\theta$$

$$sen^2\theta = \frac{1}{2}(1 - \cos 2\theta)$$

$$cos^2\theta = \frac{1}{2}(1 + \cos 2\theta)$$

Operando:

$$\sigma = \sigma_1 \cdot \frac{1}{2}(1 + \cos 2\theta) + \sigma_3 \cdot \frac{1}{2}(1 - \cos 2\theta)$$

$$\tau = \frac{1}{2}(\sigma_1 - \sigma_3) \cdot \operatorname{sen} 2\theta$$

Operando nuevamente obtenemos una circunferencia en coordenadas polares:

$$\sigma = \frac{1}{2}(\sigma_1 + \sigma_3) + \frac{1}{2}(\sigma_1 - \sigma_3) \cdot \cos 2\theta$$

$$\tau = \frac{1}{2}(\sigma_1 - \sigma_3) \cdot \operatorname{sen} 2\theta$$

Elevando al cuadrado y sumando tendremos la ecuación de una circunferencia en coordenadas cartesianas:

$$\left[\sigma - \frac{1}{2}(\sigma_1 + \sigma_3)\right]^2 + \tau^2 = \left[\frac{1}{2}(\sigma_1 - \sigma_3)\right]^2$$

Es la ecuación del *círculo de Mohr*. Se trata de una circunferencia de centro en el eje σ en el punto de coordenadas:

$$\left[\frac{1}{2}(\sigma_1 + \sigma_3), 0\right]$$

Y de radio:

$$\frac{1}{2}(\sigma_1 - \sigma_3)$$

El diámetro del círculo de Mohr (σ_1- σ_3) recibe el nombre de *tensión desviadora* y es el doble de la máxima tensión cortante existente en el punto considerado. El círculo de Mohr, definido por las tensiones principales mayor y menor es, por lo general, el círculo que interesa analizar en Mecánica de Suelos debido a que la Teoría de Falla más usada en este campo involucra a los esfuerzos normales asociados a los esfuerzos tangenciales máximos que se pueden presentar en el plano considerado.

El círculo de Mohr permite conocer las tensiones asociadas a las distintas direcciones de los planos de acción que pasan por un punto dado del medio. Es el lugar geométrico de los puntos en un plano coordenado (σ, τ) que representan tensiones actuantes en el punto del medio. Las coordenadas de un punto D sobre la circunferencia proporcionan las tensiones normal y tangencial que actúan sobre un plano inclinado un ángulo θ respecto al horizontal. Dicho punto se puede obtener llevando el ángulo 2θ en sentido contrario a las agujas del reloj a partir del eje horizontal.

Sobre el círculo hay un punto denominado *polo* con importantes propiedades. Se obtiene trazando por el punto representativo de la tensión principal mayor una paralela a la traza del plano sobre el que actúa. Obtenido el polo una sola vez, será posible pasando por él paralelas a las trazas de las diferentes direcciones de plano, encontrar un punto en el círculo de Mohr cuyas coordenadas representan los esfuerzos asociados a planos en las diferentes direcciones consideradas. Recíprocamente, si se toman varios puntos en el círculo y se trazan por ellos las paralelas a las direcciones de los planos en que actúan las tensiones representadas en esos puntos, todas esas líneas concurrirán en el polo. El polo se puede obtener siempre que se conozca la dirección del plano sobre el que actúa la tensión representada por un solo punto del círculo.

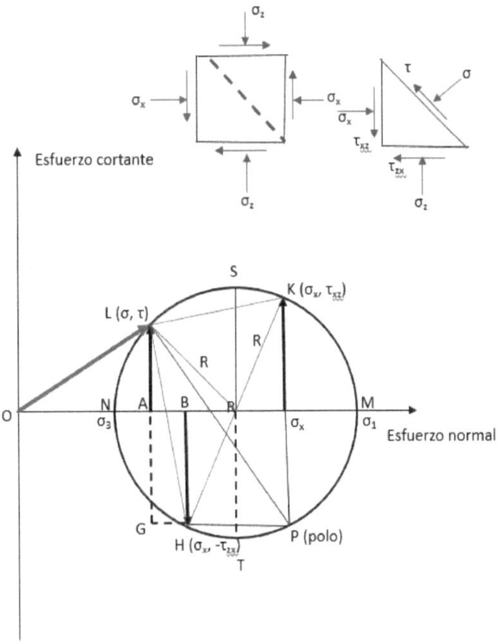

Figura 3.6: Círculo de Mohr de tensiones.

Para pasar de tensiones totales que actúan sobre un plano a las efectivas basta restar a la componente normal de la tensión total la tensión intersticial. Así pues, para obtener el círculo de Mohr en tensiones efectivas a partir del círculo de Mohr en totales basta trasladar éste, paralelamente al eje de las σ y hacia la izquierda, una magnitud igual a la presión intersticial si ésta es positiva y hacia la derecha si es negativa.

Tensiones geoestáticas

Las tensiones geoestáticas son las que existen en el estado inicial en el terreno debido a su propio peso. El esfuerzo vertical que existe en una masa de suelo debido solamente a su propio peso se denomina esfuerzo de sobrecarga.

Consideremos un depósito homogéneo de suelo con una superficie horizontal de gran extensión y con un nivel freático horizontal a una profundidad z_w. En estas condiciones la presión vertical total en un punto a una profundidad z será el peso por unidad de superficie de columna de material existente por encima. Si el suelo está semisaturado será:

$$\sigma = \gamma_{ap} \cdot z$$

En el caso de suelo seco:

$$\sigma = \gamma_d \cdot z$$

Y si el suelo está saturado:

$$\sigma = \gamma_{sat} \cdot z$$

La presión intersticial será la hidrostática, puesto que el nivel de las aguas subterráneas lo consideramos estático:

$$u = \gamma_w \cdot (z - z_w)$$

La tensión efectiva se obtiene de forma indirecta, por aplicación del principio de Terzaghi:

$$\sigma' = \sigma - u = \gamma_{sat} \cdot (z - z_w) + \gamma_{ap} \cdot z_w - \gamma_w (z - z_w)$$

$$\sigma' = (\gamma_{sat} - \gamma_w) \cdot (z - z_w) + \gamma_{ap} \cdot z_w.$$

Operando:

$$\sigma' = \gamma'(z - z_w) + \gamma \cdot z_w$$

En estas condiciones los esfuerzos vertical y horizontal son esfuerzos principales.

La presión efectiva de sobrecarga en una masa de suelo es función del peso específico del suelo que se encuentre por encima del punto considerado sobre el nivel freático y del peso específico efectivo del suelo que se encuentre por encima del punto considerado bajo el nivel freático.

Coeficiente de empuje en reposo. Fórmula de Jaky

Se denomina coeficiente de empuje en reposo K_0 a la relación entre las tensiones horizontales y verticales en efectivas, ya que es la verdadera acción que actúa entre partículas. En suelos en los que no ha habido más carga que la actual (suelos normalmente consolidados), K_0 es del orden de 0,5-0,6. En caso contrario (suelos sobreconsolidados), K_0 puede valer 0,8-2,0. K_0 depende del tipo de suelo y de la razón de sobreconsolidación RSC, que viene dada por la siguiente expresión:

$$RSC = \frac{\sigma'_z}{\sigma'_c}$$

Donde

σ'_z: valor actual de la tensión efectiva vertical.

σ'_c: valor máximo de la tensión efectiva vertical a lo largo de la historia.

Este coeficiente se determina con ensayos de laboratorio y de campo complejos y a través de fórmulas empíricas como:

$$K_0 = K_{0NC} \cdot (RSC)^{\alpha}$$

Donde α es una constante que varía entre 0,25 y 0,60 y K_{0NC} se obtiene por medio de la fórmula de Jaky.

$$K_{0NC} = 1 - \sin\varphi$$

Siendo φ el ángulo de rozamiento interno.

En la figura 3.7 se representan diversos ejemplos sencillos de determinación de la tensión total, de la tensión neutra y de la tensión efectiva en un suelo, tanto verticales como horizontales en varias hipótesis sobre la posición del nivel freático. Para determinar las tensiones horizontales se utiliza el coeficiente de empuje en reposo.

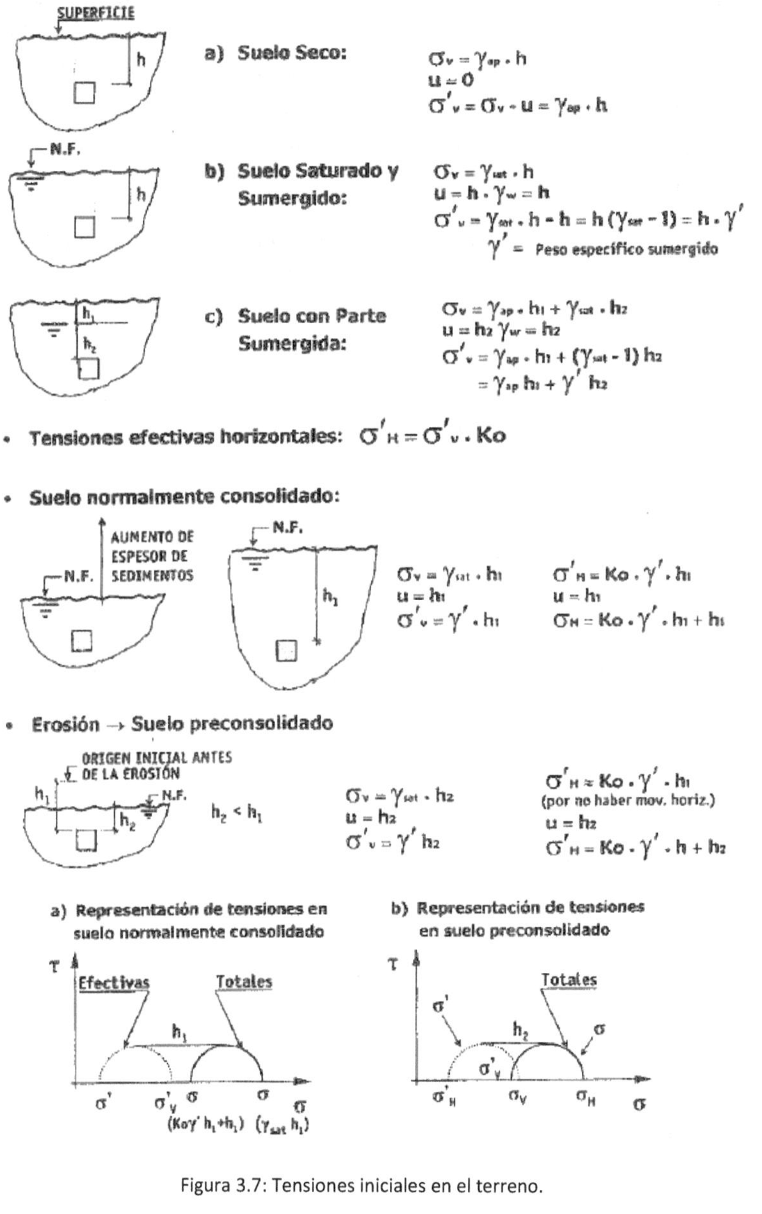

Figura 3.7: Tensiones iniciales en el terreno.

Criterios de rotura. Criterio de rotura Mohr-Coulomb

La resistencia de un suelo se debe a la resistencia al corte que se produce en el conjunto de los contactos de sus partículas sólidas. Por ello, el problema de la determinación de la resistencia al esfuerzo cortante de los suelos constituye uno de los puntos fundamentales de toda la Mecánica de Suelo, que tiene importante aplicación en el cálculo de la capacidad de carga admisible para una cimentación y en el empuje del suelo contra muros de contención.

Este problema ha sido resuelto de forma satisfactoria gracias a los trabajos de Coulomb, quien atribuyó la resistencia de los suelos a dos fuentes distintas. Una fuente es la fricción entre las partículas. Coulomb consideró que los suelos fallan por esfuerzo cortante a lo largo de planos de deslizamiento, siendo el mecanismo que rige este fenómeno el mismo que sigue la fricción entre cuerpos según la mecánica elemental. Para el caso de los suelos, la ley de resistencia tiene la forma:

$$\tau' = \sigma' \cdot tg\phi'$$

Siendo:

τ'= Tensión cortante efectiva máxima. Resistencia al esfuerzo cortante del suelo por unidad de área en el plano potencial de falla.

tg ϕ'= Constante de proporcionalidad.

φ'= Ángulo de rozamiento interno. Constante del material.

σ'= Presión normal efectiva en el plano de deslizamiento.

Esta fuerza de resistencia depende del esfuerzo externo.

Una segunda fuente de resistencia es lo que Coulomb denominó cohesión c, que es característica del material y que no depende del esfuerzo normal exterior. Es función de la mineralogía, la fábrica, la humedad de los suelos arcillosos. Depende de los enlaces débiles de tipo covalente que pueden existir entre partículas.

Por tanto, según Coulomb los pares de valores componente tangencial y componente normal de la tensión que producen la rotura del suelo vienen dados por dos semirrectas que tienen la siguiente expresión:

$$\tau' = \pm(c + \sigma' \tan \emptyset')$$

Criterio de rotura Mohr-Coulomb

El criterio de rotura de Mohr-Coulomb es la teoría de falla más usada en Mecánica de Suelos (figura 3.8). Combina las ideas de Coulomb con la representación gráfica del estado tensional de Mohr. Este criterio involucra a los esfuerzos normales que están asociados a los esfuerzos tangenciales máximos que se pueden presentar en el punto considerado. Así, la rotura se produce cuando el círculo de Mohr que representa el estado de tensiones en un punto es tangente a la condición de rotura que viene determinada por la línea de falla. El plano de rotura se determina por el punto de tangencia y el polo del círculo de Mohr.

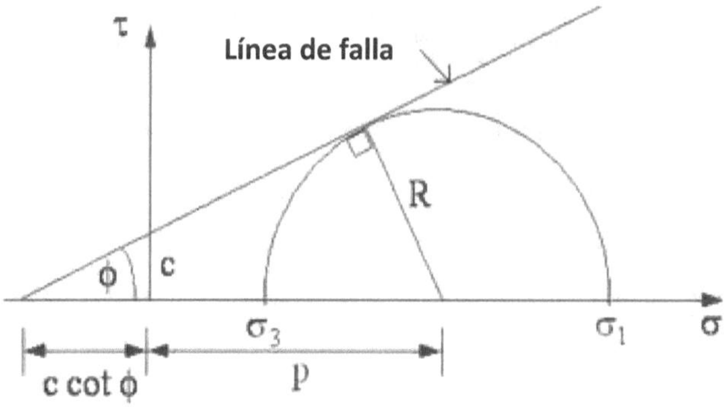

Figura 3.8: Criterio de rotura Mohr-Coulomb.

Relaciones tensión-deformación

Cuando un suelo está sujeto a esfuerzos, éste responde con deformaciones. Para conocer el comportamiento mecánico del suelo es necesario trazar una historia de los cambios entre los esfuerzos y las deformaciones, obteniéndose de esta forma la curva esfuerzo-deformación. El ingeniero debe comprobar que las deformaciones producidas en el suelo al aplicar las cargas exteriores son menores a la deformación admisible y así asegurar la estabilidad de las obras. Para ello se debe obtener la curva esfuerzo deformación del suelo.

El grado de deformación producido por un esfuerzo dependerá de la composición, relación de vacíos, historia del esfuerzo y forma en que se apliquen los nuevos esfuerzos. Para hallar la deformación de un suelo, a menudo se miden directamente en ensayos de laboratorio las deformaciones producidas bajo los esfuerzos que existirán en el terreno real, pero también suele ser útil recurrir a conceptos y fórmulas de las teorías de la elasticidad y plasticidad.

Es importante tener en cuenta que los suelos se diferencian mucho de otros materiales debido a su naturaleza porosa y compuesta de partículas. El comportamiento del material perfectamente elástico solo depende de sus condiciones, inicial y final, independientemente del camino que sigan durante la carga y descarga, presentando en consecuencia un comportamiento lineal. En cambio, en los suelos su comportamiento no solo depende de sus condiciones inicial y final, sino que además depende del camino seguido durante la carga y descarga y de la historia de esfuerzos previa a las mismas.

Los suelos no son cuerpos ni rígidos, ni continuos, ni homogéneos, ni elásticos. Por lo tanto, la determinación de los esfuerzos y deformaciones en los suelos es una tarea muy difícil, ya que no cumplen las hipótesis establecidas para la teoría elástica.

El concepto de elasticidad se aplica a los cuerpos para los que se verifica una relación de proporcionalidad directa, constante y lineal entre la tensión a la que se les somete y la deformación que experimentan. La ley de Hooke o ley de elasticidad (originalmente formulada para casos de estiramiento longitudinal) es muy simple y solo involucra a dos constantes: el módulo de Young y el índice de Poisson.

Si se asume que el suelo es un material isotrópico y un medio continuo, homogéneo y elástico se facilita mucho el análisis para poder predecir el comportamiento de los suelos cuando son sometidos a cargas externas. Para este análisis solo se tiene que determinar el módulo de Young y el índice de Poisson mediante ensayos de laboratorio o campo.

Independientemente de que en algún caso particular pueda resultar útil usar valores del módulo de elasticidad y/o índice de Poisson, debe tenerse en cuenta que éstos no son constantes de un suelo, sino más bien magnitudes que describen aproximadamente el comportamiento de un suelo para un estado de esfuerzos dado y que cambiarán, quizás radicalmente, si cambia el estado de esfuerzos o si los esfuerzos se aplican de distinta manera.

Es necesario asumir que las deformaciones en los suelos son pequeñas (infinitesimales) para poder aplicar el principio de la mecánica de los cuerpos elásticos a los suelos. El suelo solo puede sostener esfuerzos de compresión.

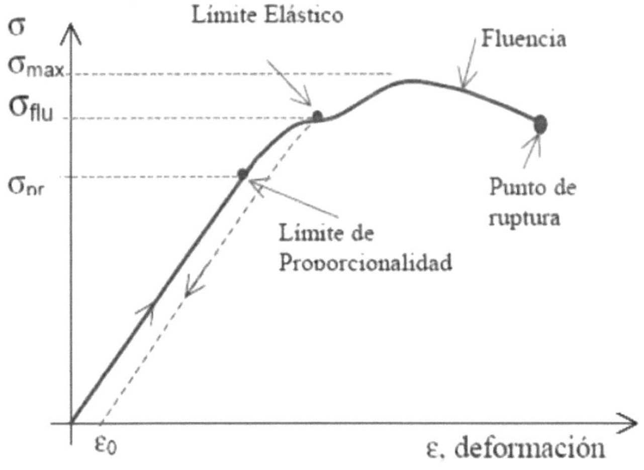

Figura 3.9: Curva esfuerzo--deformación.

En la figura 3.9 se representa la curva esfuerzo-deformación de un suelo, identificando los comportamientos en relación a la deformación que puede presentar.

En la figura 3.10 se representan las relaciones esfuerzos-deformación de materiales ideales.

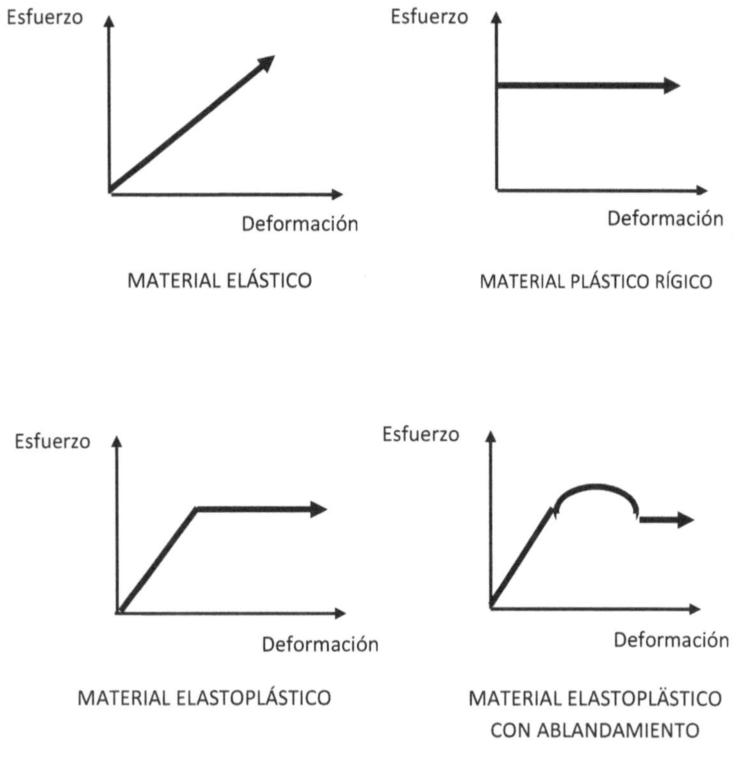

Figura 3.10: Relaciones esfuerzo—deformación para diversos materiales ideales.

Módulo 4

COMPORTAMIENTO MECÁNICO EN COMPRESIÓN CONFINADA

Edómetro

Las deformaciones verticales (asientos o asentamientos), producidas en el suelo por las cargas o esfuerzos aplicados en esa dirección sin expansión lateral, se estudian en el laboratorio mediante un aparato denominado edómetro en un ensayo conocido como ensayo edométrico, ensayo de compresibilidad o ensayo de consolidación unidimensional.

De forma simple, un edómetro está compuesto por una caja de consolidación con un anillo de bronce, un sistema de drenaje formado por dos piedras porosas y un comparador que permite medir las deformaciones debidas a la carga, que uniformemente se aplica en la parte superior de la muestra a través de un sistema de palancas.

Los distintos edómetros se diferencian fundamentalmente en el método de aplicación de las cargas. El primer edómetro fue el de Frontard en 1919. El más utilizado es el debido a Casagrande-Terzaghi. En los años 60 del pasado siglo surgió el edómetro de Rowe, utilizado en investigación.

En el ensayo edométrico se estudian propiedades que dependen de la estructura del suelo, por lo que se realiza sobre muestras inalteradas. Por ello, se deben tomar precauciones, tanto en la extracción in situ de la muestra de suelo como en la preparación y tallado de las probetas en el laboratorio. Las probetas son cilíndricas no esbeltas (normalmente tienen 70 mm de diámetro y 12 mm de altura) de bases paralelas y perpendiculares al eje vertical de la misma.

Antes de iniciar el ensayo, se elimina la mayor cantidad de aire y se satura la muestra para suprimir la influencia de las fuerzas capilares. Seguidamente se procede a aplicar las cargas según una escala determinada por escalones sucesivos hasta un valor máximo que dependerá de la naturaleza del suelo y del esfuerzo máximo que va a soportar el terreno en el campo.

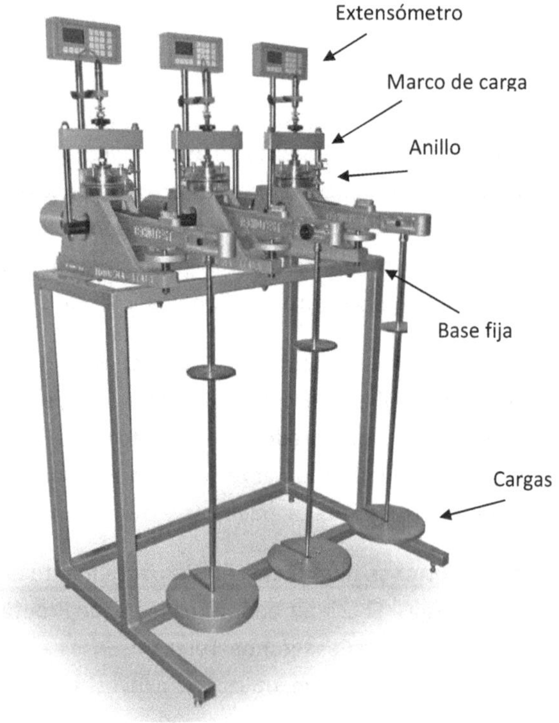

Figura 4.1: Edómetro.

Las cargas sucesivas se ajustan a una progresión geométrica, adecuada para el ensayo, de forma que cada carga aplicada es igual al doble de la anterior.

$$\sigma_2' = 2\sigma_1'$$

$$\frac{\Delta\sigma'}{\sigma_1'} = \frac{\sigma_2' - \sigma_1'}{\sigma_1'} \approx 1$$

Siendo σ_1´y σ_2´ cargas sucesivas. Cada carga se aplica durante un espacio de tiempo igual a 24 horas, tiempo suficiente para entender que ha finalizado la consolidación y se ha alcanzado el asiento total.

Durante cada escalón de carga se efectúan lecturas de deformaciones en tiempos predeterminados. La lectura tomada al cabo de 24 horas será la del asiento o deformación total para esa carga. Los tiempos predeterminados de acuerdo a la norma son: 0 s-10s- 30 s- 45 s-1 min- 2 min- 3 min- 5 min- 7 min- 10 min- 15 min- 30 min-1 h- 2 h- 4 h- 8 h- 24 h.

Tras la aplicación de la carga máxima, se procede a la descarga por escalones sucesivos. Durante la descarga sólo se toma una lectura cada 24 horas, que corresponderá al asiento total. Al finalizar la descarga, la probeta no recupera su altura inicial por producirse deformaciones irreversibles.

En cada ensayo de consolidación, una vez aplicados todos los incrementos de carga, se tienen valores para construir una gráfica denominada curva edométrica o curva de compresibilidad. Se obtiene una curva de compresibilidad por cada prueba de consolidación completa. Dicha curva representa la relación existente entre las deformaciones producidas y las cargas aplicadas. Las deformaciones se sitúan en el eje de ordenadas expresadas por medio del índice de poros. Las cargas verticales aplicadas (presión vertical de consolidación), en valores totales o en efectivas, se representan en el eje de abscisas en escala natural o logarítmica. La pendiente de la curva e-σ´ se denomina coeficiente de compresibilidad y se designa por a_V.

$$a_V = \frac{\Delta e}{\Delta \sigma'}$$

Tiene dimensiones inversas de una presión. No es una constante del suelo; su valor depende de la presión actuante.

Al utilizar una escala semilogarítmica, las distintas ramas de la curva e-lg σ´ se aproximan a rectas y reciben distintos nombres: rama de recarga o recompresión, rama de compresión noval o consolidación virgen y rama de descarga.

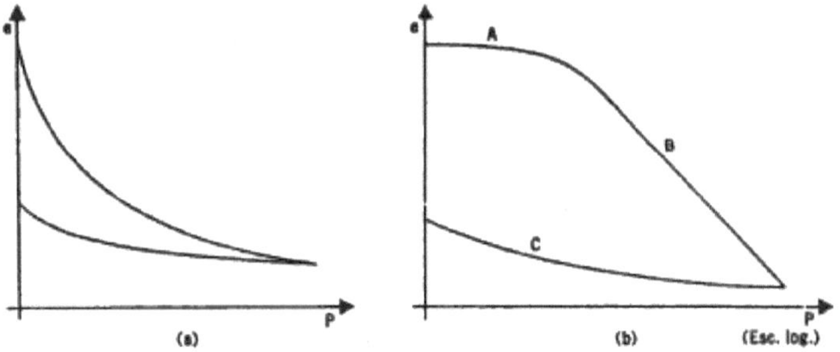

Figura 4.2: Curva edométrica o de compresibilidad

a) Escala natural o aritmética.

b) Escala semilogarítmica

La rama de recarga o recompresión es ligeramente inclinada sobre la horizontal, lo que significa que se producen asientos débiles. Corresponde a la zona de presiones bajas, que se extiende hasta la presión que se conoce como presión de sobreconsolidación.

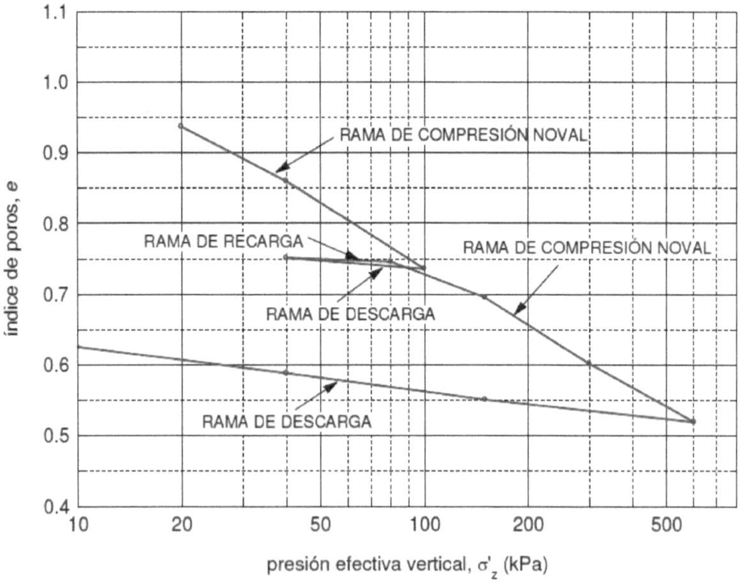

Figura 4.3: Ramas de la curva edométrica en escala semilogarítmica.

La rama de compresión noval o consolidación virgen es la zona media, sensiblemente rectilínea que finalmente para altas presiones se convierte en una línea asintótica al eje de adcisas. En esta línea las variaciones del índice de poros son proporcionales a las variaciones del logaritmo de la presión. La ecuación de la rama recta viene dada por la siguiente expresión:

$$e - e_0 = -C_C\left[lg\left(\sigma_0^{'} + \Delta\sigma'\right) - lg\sigma_0^{'}\right]$$

El módulo de la pendiente de la rama de compresión noval se denomina índice de compresibilidad y viene dado por:

$$C_C = \frac{\Delta e}{\Delta \lg \sigma^{'}}$$

Es un número adimensional y constante en un amplio rango de valores de presión.

La rama de descarga es una rama prácticamente rectilínea, pero menos inclinada respecto del eje de presiones. La ecuación de la recta es similar a la de la rama de compresión noval:

$$e - e_0 = -C_H\left[lg\left(\sigma_0^{'} + \Delta\sigma'\right) - lg\sigma_0^{'}\right]$$

El módulo de la pendiente de la rama de descarga se denomina índice de hinchamiento y viene dado por:

$$C_H = \frac{\Delta e}{\Delta \lg \sigma^{'}}$$

Es también un número adimensional y constante en un amplio rango de valores de presión.

Para el cálculo del índice de poros, que representa la deformación que experimenta la probeta para cada uno de los escalones de carga aplicada, se mide la altura h de la probeta al final de proceso de consolidación correspondiente.

El índice de poros viene dado por:

$$e = \frac{V_v}{V_s} = \frac{V - V_s}{V_s} = \frac{V}{V_s} - 1 = \frac{h \cdot A}{h_s \cdot A} - 1 = \frac{h}{h_s} - 1$$

Por otro lado, tenemos:

$$V_s = h_s \cdot A$$

Despejando:

$$h_s = \frac{V_s}{A} = \frac{\frac{P_s}{\gamma_s}}{A} = \frac{P_s}{\gamma_s \cdot A}$$

Sustituyendo:

$$e = \frac{h}{h_s} - 1$$

Expresión que proporciona el valor del índice de poros alcanzado al final del periodo de consolidación correspondiente a cada presión aplicada.

Arcillas normalmente consolidadas y arcillas sobreconsolidadas

Se conoce como presión de sobreconsolidación o preconsolidación la máxima presión efectiva a la que ha estado sometido el suelo en su estado natural a lo largo de su historia geológica. Hasta llegar a esa presión σ'_c, nos movemos por una rama de recompresión o recarga, resultando que el asiento es muy pequeño. A partir de ella, el asiento se hace mucho mayor.

Se dice que un suelo está normalmente consolidado si anteriormente no ha sufrido tensiones efectivas mayores a las actuales. La curva edométrica no presenta rama de recarga o es muy corta.

Un suelo está sobreconsolidado si en su historia geológica ha estado sometido a tensiones efectivas mayores a las que soporta actualmente. Se denomina razón de sobreconsolidación a la relación o cociente entre la máxima presión efectiva histórica y la presión efectiva actual.

$$R.S. = \frac{Presión\ máxima\ efectiva\ histórica}{Presión\ efectiva\ actual}$$

Las causas de la sobreconsolidación son varias:

- Peso de estratos superiores, posteriormente erosionados.
- Peso de hielo posteriormente derretido.
- Por desecación.
- Por fuerzas capilares.
- Por filtración descendente y prolongada.
- Por presión lateral producida por fuerzas tectónicas.

La presión de sobreconsolidación es difícil de determinar. No obstante, Casagrande propuso un método gráfico sobre la curva edométrica, que da en la práctica buenos resultados., que se representa en la figura 4.4.

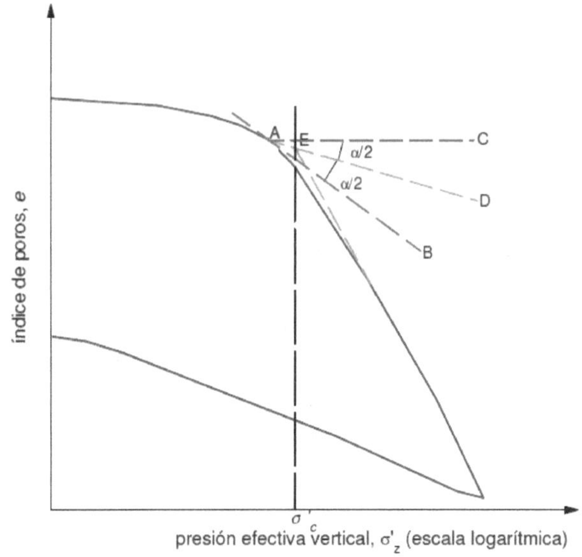

Figura 4.4: Determinación de la presión de sobreconsolidación (método de Casagrande).

Así, por el punto de máxima curvatura, en la zona de transición de la rama de recompresión a la de consolidación virgen, se traza una tangente a la curva y una horizontal paralela al eje de abcisas. A continuación, se determina la bisectriz del ángulo formado por las dos rectas anteriores. Se halla el punto intersección de esta bisectriz con la prolongación hacia atrás de la recta de compresión noval. La presión de sobreconsolidación viene dada por la abscisa del punto intersección.

Corrección por alteración de las muestras en ensayo edométrico. Corrección de Schertmann

El amasado de las muestras tiene diversos efectos sobre la curva edométrica. Así, por ejemplo, disminuye el índice de poros para una presión vertical dada; oscurece la historia de tensiones del suelo y su presión de sobreconsolidación; también disminuye la pendiente de la rama de compresión noval, que viene dada por el índice de compresión. Sin embargo, se mantiene la pendiente de la rama de descarga o índice de hinchamiento.

En la toma de muestras y durante la realización del ensayo edométrico se producen perturbaciones en el suelo. La perturbación hace que la pendiente de la curva de compresión noval obtenida en el laboratorio resulte menor que la de la curva de compresión noval del terreno tal y como se presenta "in situ".

La corrección de la curva edométrica para eliminar el efecto de la perturbación (amasado) se basa en la propiedad observada por Schmertmann en 1953, según la cual *"las prolongaciones de la rama de compresión noval de la curva edométrica para muestras con distintos grados de perturbación van a parar aproximadamente a un mismo punto que corresponde como media a un 42% del índice de poros inicial"*. Según esta propiedad, la curva obtenida en el laboratorio y la correspondiente a las condiciones sobre el terreno se cortan en un punto cuya ordenada vale 0,42 e_0 (figura 4.5).

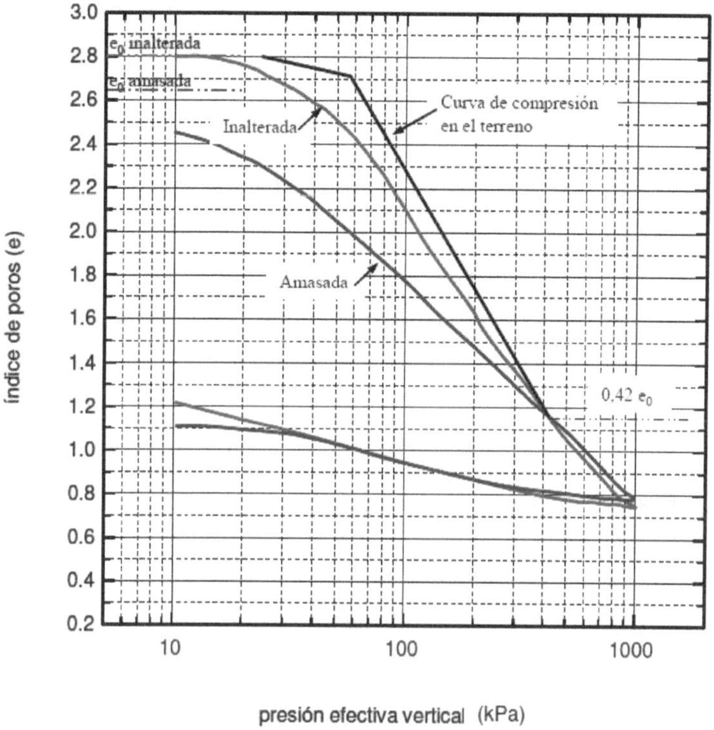

Figura 4.5: Curva edométrica de una muestra inalterada, de una muestra amasada y del terreno.

En el caso de suelos normalmente consolidados, sobre la curva edométrica se obtiene el punto correspondiente a las condiciones iniciales, considerando el índice de poros e_0 de la muestra inalterada sometida a la presión efectiva que soporta sobre el terreno (σ'_0= peso sumergido bajo el nivel freático + peso del suelo sobre el nivel freático). Por este punto se traza una recta que pase por el punto de la curva cuya abcisa es 0,42 e_0. (figura 4.6).

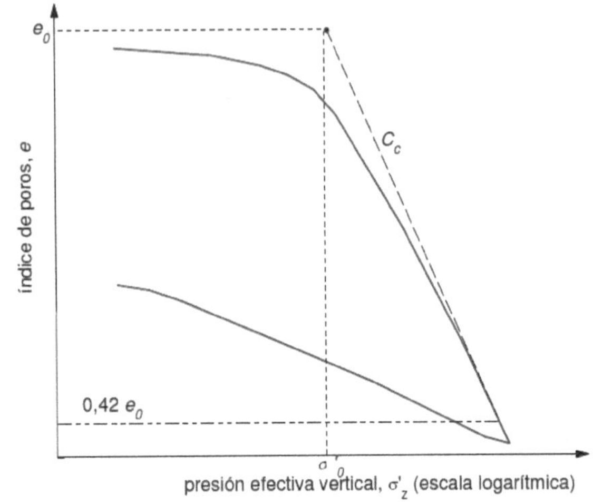

Figura 4.6: Corrección de Shertmann para suelo normalmente consolidado.

Si el suelo está sobreconsolidado, por el punto (e_0, σ'_0), correspondiente a las condiciones iniciales, se traza una paralela a la rama de descarga hasta cortar a la vertical levantada por el valor de la presión de sobreconsolidación. Se une este punto con el punto de la rama de compresión noval que tiene por ordenada 0,42 e_0 (figura 4.7).

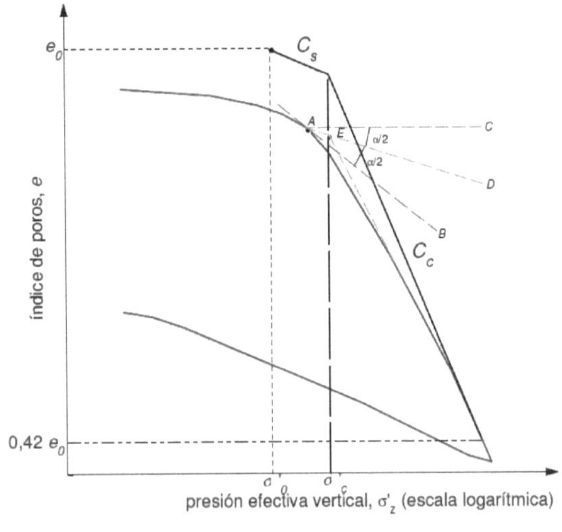

Figura 4.7: Corrección de Shertmann para suelo sobreconsolidado.

Debe tenerse en cuenta que los asientos calculados mediante esta construcción son mayores a los reales.

Cálculo de asientos mediante ensayos edométricos

A partir del gráfico de compresibilidad se determina una serie de magnitudes que permiten el cálculo del asiento total producido bajo la carga aplicada. Estas magnitudes son:

- El módulo edométrico E_m.
- El coeficiente de compresibilidad a_V.
- El coeficiente de compresibilidad específica o volumétrica m_V.

El módulo edométrico es en suelos el concepto análogo al módulo de Young de la Teoría de la Elasticidad. Se define como la relación entre los esfuerzos aplicados y la deformación unitaria producida, que resulta medida por el cambio de altura de la probeta.

$$E_m = \frac{\Delta\sigma'}{\varepsilon} = \frac{\Delta\sigma'}{\frac{\Delta H}{H}}$$

En esta expresión $\Delta\sigma'$ representa la presión efectiva de consolidación vertical aplicada y ε la deformación unitaria. La deformación unitaria se suele expresar en función de la variación del índice de poros, considerando que los sólidos son incompresibles (su volumen permanece constante) y que la deformación viene medida por el cambio de altura de la probeta. Entonces, teniendo en cuenta que el volumen total de la probeta viene dado por:

$$V = V_s + V_v = 1 + e$$

y que el índice de poros se define como:

$$e = \frac{V_v}{V_s} = \frac{V_v}{1} = V_v$$

la altura de la probeta es:

$$H = V \cdot A = (1 + e) \cdot A$$

y su deformación medida por el cambio de altura:

$$\Delta H = \Delta V_v \cdot A = \Delta e \cdot A$$

Por tanto, la deformación unitaria será:

$$\varepsilon = \frac{\Delta H}{H} = \frac{\Delta e \cdot A}{(1 + e) \cdot A} = \frac{\Delta e}{1 + e}$$

A partir de esta expresión fundamental, que relaciona la deformación unitaria con la variación del índice de poros, el módulo edométrico se puede escribir de la siguiente forma:

$$E_m = (1 + e) \cdot \frac{\Delta \sigma'}{\Delta e}$$

El módulo edométrico no es una constante característica del material. Su valor depende de la presión σ´ y del incremento Δσ´ aplicado. Para pequeños valores de Δσ´, el módulo edométrico es proporcional a la presión σ´ y no depende de la intensidad Δσ´ de la variación de la presión aplicada. De la expresión de la rama de compresión noval resulta:

$$\Delta e = C_c \cdot lg \frac{\sigma' + \Delta \sigma'}{\sigma'}$$

Sustituyendo en la expresión de E_m:

$$E_m = \frac{1 + e}{C_C} \cdot \frac{\Delta \sigma'}{lg \ \frac{\sigma' + \Delta \sigma'}{\sigma'}}$$

Si σ´>>>Δσ´, entonces:

$$lg \frac{\sigma' + \Delta \sigma'}{\sigma'} = \frac{1}{2{,}3} \cdot \frac{\Delta \sigma'}{\sigma'}$$

y sustituyendo en la expresión del módulo edométrico:

$$E_m = \frac{1 + e}{C_C \cdot \frac{1}{2{,}3}} \cdot \frac{\Delta \sigma'}{\frac{\Delta \sigma'}{\sigma'}} = \frac{1 + e}{0{,}434 \cdot C_C} \cdot \sigma'$$

Operando:

$$E_m = 2{,}3 \cdot \frac{1+e}{C_C} \cdot \sigma'$$

Magnitud que representa el módulo edométrico instantáneo.

El coeficiente de compresibilidad se designa por el símbolo a_V y se define como:

$$a_V = \frac{\Delta e}{\Delta \sigma'} = \frac{1+e}{E_m}$$

Matemáticamente representa la pendiente de la curva edométrica en escala natural. Su valor depende de la presión actuante sobre el suelo y no es una constante del mismo. Tiene dimensiones inversas de una presión y mide la razón de variación de la relación de vacíos con la presión. Así, un a_V alto caracteriza a un suelo muy compresible, mientras que un a_V bajo es propio de un suelo no susceptible de grandes cambios de volumen cuando aumenta la presión.

El tercero de los coeficientes es el coeficiente de compresibilidad volumétrica, al que se le designa por m_V. Se le denomina también coeficiente de compresibilidad específica. Es el inverso del módulo edométrico:

$$m_V = \frac{1}{E_m} = \frac{1}{1+e} \cdot \frac{\Delta e}{\Delta \sigma'} = \frac{a_V}{1+e}$$

Este coeficiente tiene las dimensiones de a_V, esto es, las de la inversa de una presión. Su uso fue introducido por Tschebotanioff en 1936. Permite la extensión de los valores de compresibilidad obtenidos en laboratorio a las estructuras existentes en el terreno. Representa, por definición, el asiento de una capa de espesor unidad bajo un incremento de presión unitario, ya que:

$$m_V = \frac{\Delta H}{\Delta \sigma' \cdot H}$$

y si H=1 y $\Delta\sigma'$=1, entonces m_V= ΔH. Físicamente, expresa la compresibilidad del suelo relacionándola con su volumen inicial.

A partir de los coeficientes anteriormente definidos, que como ya se indicó se determinan mediante el gráfico de compresibilidad obtenido en el laboratorio en el ensayo edométrico, se puede calcular la deformación o asiento total para una carga determinada. Así, en el caso general, para un estrato de potencia H, consolidado bajo una presión efectiva σ', el asiento total que experimenta dicho estrato al aumentar la presión en un valor $\Delta\sigma'$ es:

$$S = H \cdot \Delta\sigma' \cdot m_V$$

Ecuación diferencial de la consolidación unidimensional primaria. Resolución numérica y gráfica

Si a un estrato se le aplica un incremento de presión total $\Delta\sigma$, inmediatamente después de su aplicación este incremento se soporta íntegramente por el agua intersticial que adquirirá, por lo tanto, una presión en exceso sobre la hidrostática a lo largo de todo el espesor del estrato igual al incremento de presión $\Delta\sigma$ aplicado. Al cabo de cierto tiempo t, habrá escapado cierta cantidad de agua de la capa y, consecuentemente, el exceso de presión hidrostática y parte de la carga habrán sido transferidas a la estructura sólida del suelo ($\Delta\sigma'$), resultando:

$$\Delta\sigma = \Delta\sigma' + \Delta u$$

ecuación que es válida para cualquier instante t y a cualquier profundidad z. Por consiguiente, tanto la presión efectiva $\Delta\sigma'$ en la estructura del suelo como la presión neutra Δu en el agua intersticial son funciones de la profundidad y del tiempo. Entonces, la ecuación que expresa el progreso del fenómeno de la consolidación unidimensional con el flujo vertical se puede escribir de la forma siguiente:

$$\Delta\sigma' = \Delta\sigma - \Delta u = \Delta\sigma - \Delta u(z,t)$$

La presión total permanece constante. La presión neutra y la efectiva cambian, siendo su suma igual a la presión total. En la práctica, la presión neutra se obtiene en el campo mediante piezómetros, calculándose la efectiva por diferencia con la total.

Por consiguiente, la plasmación matemática del fenómeno de la consolidación unidimensional con flujo vertical consiste en la determinación de la función sobrepresión intersticial (presión del agua sobre la hidrostática), función que depende de la profundidad z y del tiempo t:

$$\Delta u = \Delta u(z,t)$$

La Teoría de Terzaghi y Fröhlich ha proporcionado una solución completa al problema de la consolidación primaria para el caso de una capa homogénea de arcilla compresible de espesor 2H y extensión infinita según un plano horizontal, comprendida entre dos capas de material poroso muy permeable a través del cual el agua circula libremente. Como hipótesis del análisis se asume que:

- ✓ El suelo está totalmente saturado.
- ✓ Los granos del suelo y el agua son totalmente incompresibles.
- ✓ Se aplica el cálculo infinitesimal a medios constituidos por partículas de tamaño finito.
- ✓ Es válida la ley de Darcy.
- ✓ Las deformaciones son pequeñas.
- ✓ La permeabilidad y el módulo edométrico son constantes durante la consolidación.

Para determinar la función Δu= Δu(z, t) estudiaremos el proceso de la consolidación en un prisma elemental de sección recta unidad y altura dz, situado a una profundidad constante z. Con las dos primeras hipótesis se cumple que, en un mismo instante dt, la diferencia entre la cantidad de agua que entra y la que sale del prisma (agua expulsada) es igual al cambio de volumen del elemento de suelo (deformación o asiento del prisma). Las cantidades de agua dependen de los gradientes hidráulicos actuantes en cada cara del prisma. Aplicando la ley de Darcy para un área de la sección recta igual a la unidad:

$$dq \cdot dt = k_v \cdot di \cdot dt$$

El gradiente hidráulico (pérdida de carga por unidad de longitud recorrida por el agua) expresado en función de la carga hidráulica será:

$$i = \left(\frac{-dh}{dz}\right)$$

Expresando la carga hidráulica como altura piezométrica:

$$i = -\left(\frac{d\left(\frac{\Delta u}{\gamma_w}\right)}{dz}\right) = -\frac{1}{\gamma_w} \cdot d\left(\frac{\partial \Delta u}{\partial z} dz\right)$$

La notación con derivada parcial es porque Δu= Δu (z, t). No obstante, para definir el gradiente solo interesa su variación respecto a z. Sustituyendo:

$$dq \cdot dt = -k_v \cdot d\left(\frac{dh}{dz}\right) \cdot dt \ = -k_v \cdot d\left(\frac{\frac{du}{\gamma_w}}{dz}\right) \cdot dt$$

Como en este caso solo interesa la variación de Δu= Δu (z, t) respecto al tiempo, resulta:

$$dq \cdot dt = -k_v \cdot d\left(\frac{1}{\gamma_w} \cdot \frac{\partial u}{\partial z} dz\right) dt = -k_v \cdot \frac{1}{\gamma_w} \cdot \frac{\partial^2 u}{\partial z^2} dz\, dt$$

El asiento del prisma elemental vendrá dado por:

$$E \cdot dz = \frac{d\sigma'}{E_m} \cdot dz = \frac{d(\sigma - u)}{E_m} \cdot dz = \left(\frac{d\sigma}{E_m} - \frac{du}{E_m}\right) \cdot dz$$
$$= 0 - \frac{1}{E_m} \cdot \frac{\partial u}{\partial t} \cdot dt \cdot dz$$

En esta ocasión, la variación de Δu=Δu (z, t) sólo interesa también respecto al tiempo.

Igualando el asiento y el agua expulsada:

$$-\frac{1}{E_m} \cdot \frac{\partial u}{\partial t} \cdot dt \cdot dz = -\frac{k_v}{\gamma_w} \cdot \frac{\partial^2 u}{\partial z^2} \cdot dt \cdot dz$$

$$\frac{k_v \cdot E_m}{\gamma_w} \cdot \frac{\partial^2 u}{\partial z^2} = \frac{\partial u}{\partial t}$$

Al coeficiente de la ecuación diferencial

$$C_v = \frac{k_v \cdot E_m}{\gamma_w}$$

se denomina coeficiente de consolidación. Este coeficiente se puede expresar de la forma siguiente:

$$C_v = \frac{k_v \cdot E_m}{\gamma_w} = \frac{k_v \cdot (1 + e)}{\gamma_w \cdot a_v} = \frac{k_v}{\gamma_w \cdot m_v}$$

Teniendo en cuenta la expresión del coeficiente de consolidación, la ecuación diferencial del proceso de consolidación unidimensional y flujo vertical se escribe como:

$$C_v \cdot \frac{\partial^2 u}{\partial z^2} = \frac{\partial u}{\partial t}$$

Esta ecuación diferencial establece la relación entre la presión del agua en exceso sobre la hidrostática, la profundidad y el tiempo. Permite conocer la distribución de presiones del suelo durante el proceso de consolidación unidimensional con flujo vertical.

La solución de la ecuación diferencial de la consolidación primaria debe cumplir la condición inicial, las condiciones de frontera y la condición final.

Se denomina isócrona la curva representativa de la sobrepresión intersticial Δu en función de la profundidad z para un valor constante del tiempo t. En el instante inicial, la presión aplicada (que es constante con la profundidad) es íntegramente absorbida por el agua intersticial en la forma de un exceso de presión. Por tanto, la condición inicial para t=0 será:

$$\Delta u = \Delta\sigma \quad para\, 0 \leq z \leq H$$

y la isócrona se reduce a un segmento vertical para el valor Δu= Δσ´. Al finalizar el proceso, la sobrepresión intersticial se anula, pues se vuelve a alcanzar un nuevo estado de equilibrio. En ese momento todo el incremento de presión total es absorbido por la estructura sólida del suelo. Por tanto, la condición final para t= ∞ será:

$$\Delta u = 0 \quad para\, 0 \leq z \leq H$$

Es decir, al término del proceso de consolidación la isócrona se reduce a un segmento del eje de las z. Para el resto de los valores de t, la presión intersticial aumenta con la profundidad, siendo su valor igual a cero en las fronteras y máximo en el eje central del estrato. La condición frontera para todo valor t >0 será:

$$\Delta u = 0 \quad para\ z = 0\, y\ z = 2H$$

De esta forma se llega a una solución de la ecuación diferencial que viene expresada por una serie de Fourier convergente:

$$\Delta u = \Delta\sigma \sum_{n=0}^{n=\infty} \left\{ \frac{4}{(2n+1)\pi} \sin\left(\frac{(2n+1)\pi}{2} \cdot \frac{z}{H} \right) \cdot e^{\frac{-(2n+1)^2 \cdot \pi^2 \cdot k_v \cdot E_m \cdot t}{4 \cdot H^2 \cdot \gamma_w}} \right\}$$

En esta ecuación *e* representa la base de los logaritmos neperianos, no el índice de poros. Teniendo en cuenta la definición del coeficiente de consolidación C_V, esta ecuación también puede escribirse:

$$\Delta u = \Delta\sigma \sum_{n=0}^{n=\infty} \left\{ \frac{4}{(2n+1)\pi} \sin\left(\frac{(2n+1)\pi}{2} \cdot \frac{z}{H} \right) \cdot e^{\frac{-(2n+1)^2 \cdot \pi^2 \cdot C_v \cdot t}{4 \cdot H^2}} \right\}$$

Esta ecuación es de la forma:

$$\frac{\Delta u}{\Delta\sigma} = f(z,t)$$

En ella el factor z/H que aparece en el término seno y el factor $(C_v \cdot t)/H^2$ del exponente de *e* son adimensionales.

El factor abstracto

$$T_V = \frac{C_v \cdot t}{H^2}$$

se conoce como factor tiempo. En función de estos factores, la ecuación anterior se puede expresar de la siguiente manera:

$$\frac{\Delta u}{\Delta \sigma'} = f\left(\frac{z}{H}, T_V\right)$$

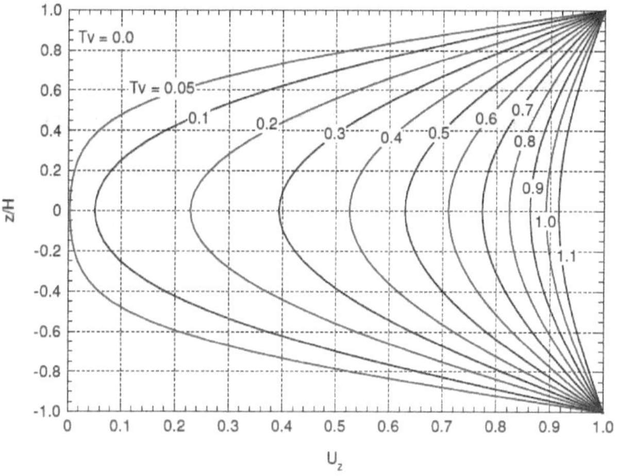

Figura 4.8: Isocronas en edómetro con drenaje por las dos caras.

Se define el grado o porcentaje medio de consolidación para el estrato completo en el instante t como la relación entre la consolidación que ha tenido lugar en ese tiempo y la total que haya de producirse:

$$U(\%) = \frac{s_t}{S} = \frac{\int_0^{2H} (\Delta\sigma - \Delta u) \cdot dz}{\Delta\sigma \cdot 2H} \cdot 100$$

siendo:

s_t: Asiento en el instante t.

S: Asiento total.

Operando, la expresión del grado de consolidación puede escribirse de la forma siguiente:

$$U(\%) = 100 \cdot \left[1 - \frac{1}{\Delta\sigma \cdot 2H} \int_0^{2H} \Delta u \cdot dz\right]$$

Como Δu es una serie convergente, puede integrarse término a término, obteniéndose finalmente la siguiente expresión:

$$U(\%) = 100 \cdot \left[1 - \sum_{n=0}^{n=\infty} \frac{8}{(2n+1)^2 \cdot \pi^2} e^{-\frac{(2n+1)^2 \cdot \pi^2 \cdot T_V}{4}}\right]$$

De esta ecuación se desprende que el grado de consolidación del estrato es sólo función del factor tiempo (T_V), cantidad sin dimensiones físicas. Dicha relación puede ser resuelta para diferentes valores de T_V, obteniendo los correspondientes valores de U (%).

U (%)	T_V
0	0,000
10	0,008
15	0,018
20	0,031
25	0,049
30	0,071
35	0,096
40	0,126
45	0,159
50	0,197
55	0,238
60	0,287
65	0,342
70	0,405
75	0,477
80	0,565
85	0,684
90	0,848
95	1,127
100	∞

Figura 4.9: Relación teórica U (%)-T_V.

La relación que se obtiene se refleja en la tabla de la figura 4.9, responde a la siguiente relación:

si U< 60% $T_V = U^2$

si U> 60% $T_V = -0{,}933 \lg (1-U) - 0{,}0851$

Las relaciones anteriores se pueden dibujar en escala aritmética y semilogarítmica, usando la escala logarítmica para el factor tiempo en abscisas. Estas curvas se conocen con el nombre de curvas teóricas de consolidación.

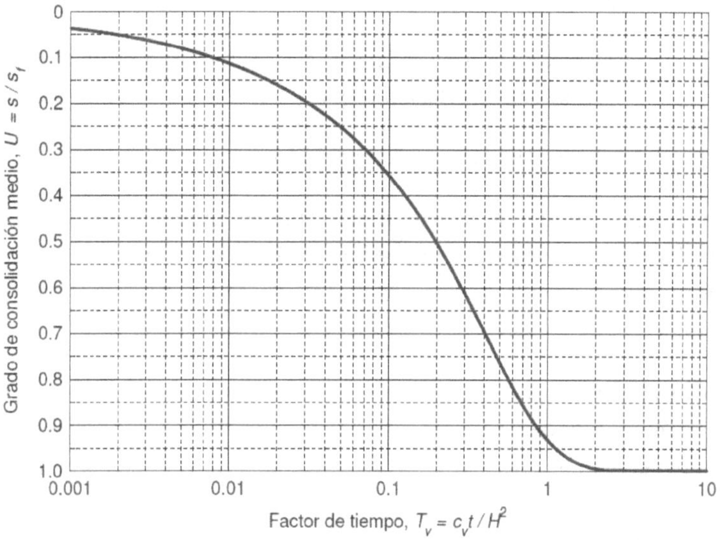

Figura 4.10: Relación teórica entre el grado de consolidación y el factor tiempo en escala logarítmica.

En el ensayo edométrico obtenemos una curva de consolidación para cada uno de los incrementos de carga aplicados. Estas curvas relacionan las lecturas con el micrómetro con los correspondientes tiempos. Si comparamos las curvas teóricas con las obtenidas en el laboratorio, se observa que el Grado de consolidación U y las lecturas micrométricas están relacionadas por una ley lineal de proporcionalidad. Así, por ejemplo, a un 50% de consolidación está asociada la mitad de la deformación del suelo.

En consecuencia, para un suelo que sigue la Teoría de Terzaghi–Fröhlich, la curva teórica U (%)-T_v y las curvas obtenidas en laboratorio son semejantes, difiriendo únicamente en la escala empleada. Para comparar ambas curvas debemos modificar la escala, definiendo el cero corregido y el final de la consolidación primaria para ajustar U (%) con las lecturas micrométricas.

Determinación del coeficiente de consolidación C_V

El coeficiente de consolidación C_V se obtiene a partir de las curvas de consolidación obtenidas en la prueba edométrica. Se precisa hacer una corrección para determinar:

- El cero corregido (es decir, al tiempo t=0) a partir del cual se inicia la consolidación primaria.
- El 100% de la consolidación primaria.

Esto es así porque la deformación total se produce en 3 fases de consolidación sucesivas: Compresión inicial, Consolidación primaria y consolidación secundaria. En este texto solo se estudia la consolidación primaria.

La compresión inicial corresponde a un asiento inicial, prácticamente instantáneo, no despreciable respecto a los asientos posteriores. Se produce en condiciones sin drenaje, sin cambio de volumen. El fenómeno es tan rápido que no se da tiempo a la expulsión de agua. Esta deformación se debe a deformaciones de los componentes del edómetro, a la disolución por burbujas de aire y a la expansión lateral de las muestras hasta ajustarse al anillo. No son deformaciones de consolidación por lo que no se tienen en cuenta cuando calculemos el coeficiente de consolidación C_V.

La consolidación secundaria comienza cuando termina la consolidación primaria y ya no hay sobrepresión de agua ($\Delta u=0$). Se manifiesta sin existir incrementos de tensión. La tensión efectiva es constante. Es mucho más lenta que la primaria (10, 100 años). Tiene su origen en el reajuste reológico o plástico del esqueleto mineral. En suelos blandos y con materia orgánica puede producir un asiento adicional a lo largo del tiempo. En suelos duros y medios suele ser despreciable. En suelo muy blando puede suponer un incremento del asiento del orden del 15-20%.

Para realizar la corrección sobre la curva de consolidación obtenida en el laboratorio de cara a determinar el coeficiente C_V existen dos métodos: el método de Casagrande o del logaritmo del tiempo y el método de Taylor o de la raíz cuadrada.

Método de Casagrande

En el método de Casagrande, los resultados del ensayo edométrico para cada escalón de carga se representan gráficamente llevando en ordenadas el acortamiento de la probeta L y en abscisas el logaritmo del tiempo.

En esta representación la curva presenta una rama parabólica de eje horizontal en las proximidades del origen (punto A). La rama BD representa la consolidación primaria; la rama DE representa la consolidación secundaria y la rama DE representa la consolidación secundaria.

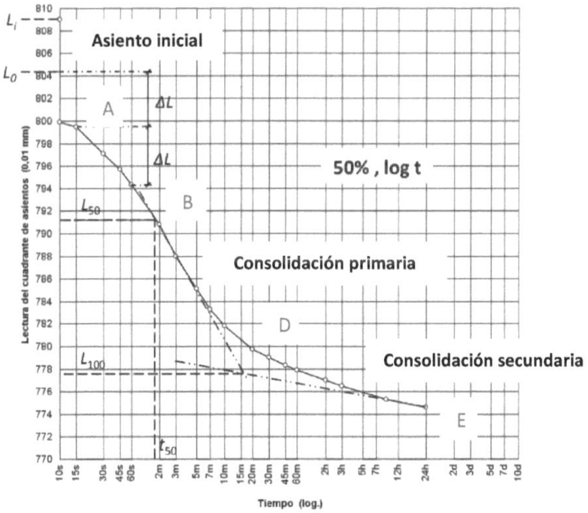

Figura 4.11: Método de Casagrande o del logaritmo del tiempo.

Para hacer la corrección sobre la curva nos basamos en las propiedades de las parábolas de eje horizontal en las proximidades del origen. Se toma un tiempo t_A próximo al origen y se toma otro $t_B = 4\ t_A$. Se mide la diferencia del asiento entre esos dos instantes, que viene dado por las diferencias de las ordenadas que corresponden a las lecturas del comparador. Por el punto B se lleva la distancia así obtenida multiplicada por 2 (punto C)

$$BC = 2(L_A - L_B)$$

La ordenada del punto C corresponde al cero corregido.

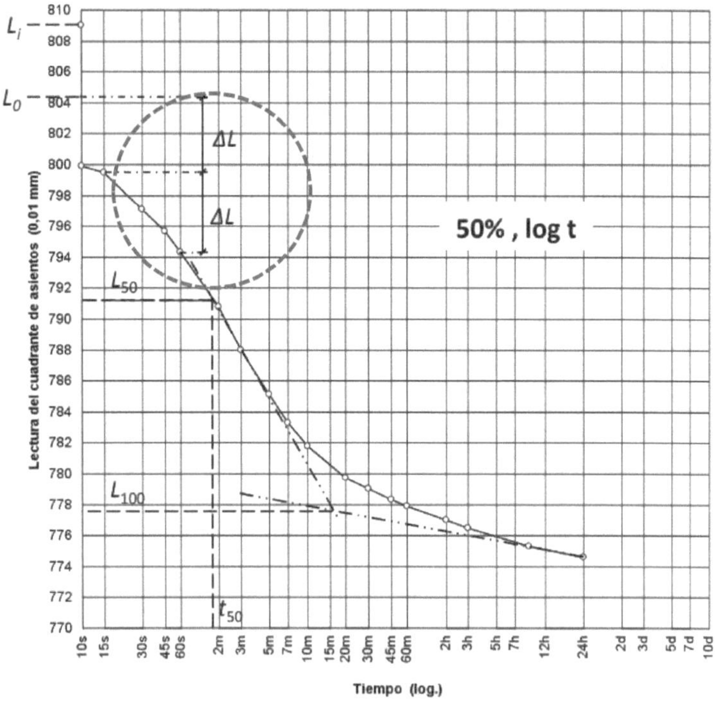

Figura 4.12: Obtención del cero corregido en el Método de Casagrande.

Por otro lado, se determina el final de la consolidación primara considerando que las rectas BD y DE se cortan en el punto F. Por definición, la ordenada del punto F proporciona la magnitud del asiento primario total L_{100}, que corresponde a un grado de consolidación medio U= 100%.

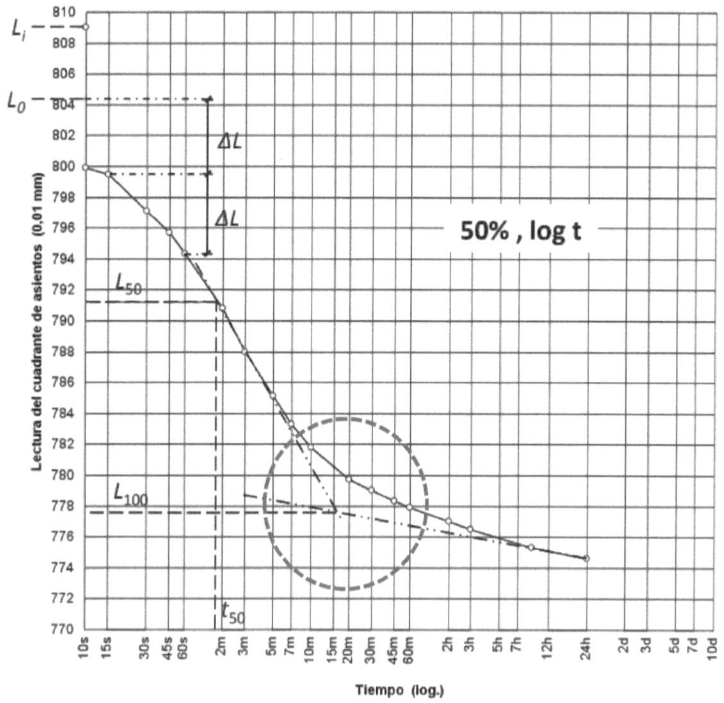

Figura 4.13: Obtención del final de la consolidación primaria en el Método de Casagrande.

Realizadas las correcciones sobre la curva, determinamos C_V teniendo en cuenta que la media aritmética de L_0 y L_{100} proporciona L_{50}, que es el asiento correspondiente a un grado de consolidación primaria U= 50%.

Determinado L_{50}, se deduce por lectura directa sobre el gráfico el tiempo t_{50} en que se tarda en alcanzar dicho asiento y, a partir de la curva teórica (Teoría de Terzaghi-Frölich), se deduce que T_V= 0,196. Finalmente, de la expresión del factor tiempo T_V, se obtiene el coeficiente de consolidación:

$$C_V = 0{,}196 \cdot \frac{H^2}{t_{50}}$$

Aplicando esta expresión, obtendremos para cada escalón de carga el valor de C_v

Método de Taylor

En este método, los resultados del ensayo edométrico para cada escalón de carga se representan gráficamente llevando en ordenadas el acortamiento de la probeta L y en abscisas la raíz cuadrada del tiempo.

En esta representación la parte inicial parabólica de la curva teórica de Terzaghi queda convertida en una línea recta. Prolongando hacia atrás la parte recta de la curva obtenida en laboratorio, tendremos en abscisas la deformación correspondiente al cero corregido.

Por otro lado, en la curva teórica de Terzaghi, para un grado de consolidación del 90%, la abscisa es igual a 1,15 veces la abscisa de la prolongación de la recta antedicha para dicha ordenada. Teniendo en cuenta esta propiedad, se traza por el cero corregido una recta cuyas abscisas sean 1,15 veces las de la parte recta de la curva de laboratorio.

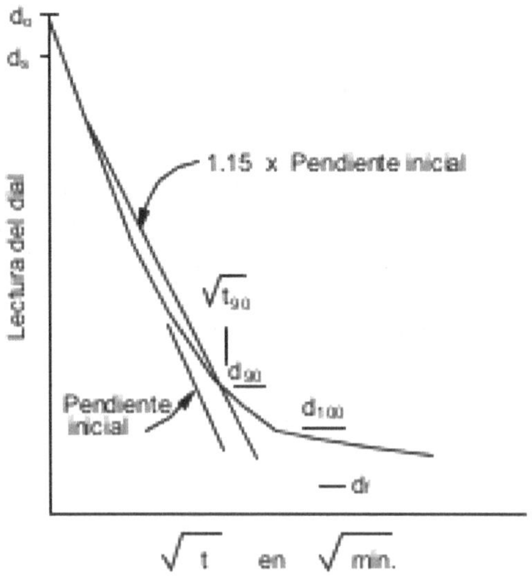

Figura 4.14: Método de Taylor.

El punto de corte entre la recta así obtenida y la curva de laboratorio corresponde por definición al 90% de la consolidación primaria. Como el factor tiempo que corresponde al 90% de la consolidación media es T_V= 0,848, despejando de la expresión del factor tiempo, resulta:

$$C_V = 0{,}848 \cdot \frac{H^2}{t_{90}}$$

Aplicando esta expresión, obtendremos para cada escalón de carga el valor de C_v

Factores que influyen en el coeficiente de consolidación

Para finalizar, vamos a determinar los factores que influyen en el tiempo de consolidación, teniendo en cuenta la definición del factor tiempo:

$$T_V = \frac{C_v \cdot t}{H^2} = \frac{E_m \cdot k \cdot t}{H^2 \cdot \gamma_w}$$

De aquí se deduce que el tiempo de consolidación es:

$$t = \frac{\gamma_w \cdot H^2}{E_m \cdot k} \cdot T_V$$

Si se observa esta expresión, debemos de destacar, en primer lugar, el concepto de espesor efectivo que gobierna el tiempo de consolidación. Recibe el nombre de espesor efectivo la trayectoria física real que el agua tiene que recorrer para abandonar el estrato.

En el caso de un estrato con una frontera impermeable, el espesor efectivo coincide con el espesor real del estrato. Si el estrato está drenado por las caras superior e inferior, el espesor efectivo es la mitad del espesor real. En las fórmulas de la Teoría de la Consolidación Unidimensional, la H que figura es siempre el espesor efectivo respecto al tiempo de consolidación.

En la figura 4.15 se representa el concepto de espesor efectivo.

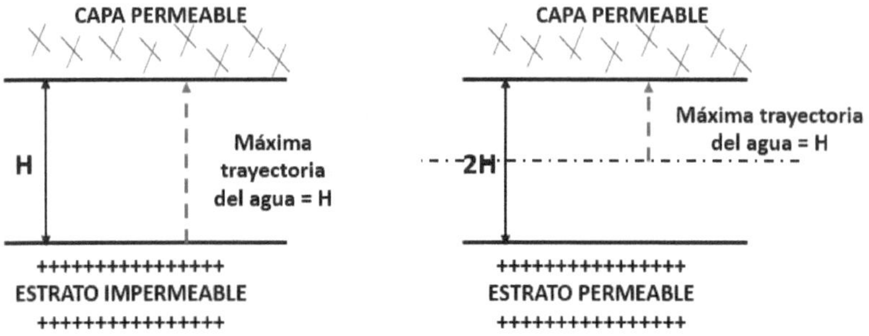

Figura 4.15: Espesor efectivo que gobierna el proceso de consolidación.

Para dos estratos diferentes del mismo material de espesores efectivos H_1 y H_2, a igualdad del resto de los factores, el cociente entre los tiempos necesarios para alcanzar un cierto grado de consolidación será igual al cociente de los espesores efectivos al cuadrado:

$$\frac{t_1}{t_2} = \frac{H_1^2}{H_1^2}$$

Para dos estratos diferentes del mismo material de coeficientes de permeabilidad k_1 y k_2, a igualdad del resto de los factores, el tiempo necesario correspondiente a un cierto grado de consolidación será igual al inverso del cociente de sus coeficientes de permeabilidad:

$$\frac{t_1}{t_2} = \frac{k_2}{k_1}$$

Para dos estratos diferentes del mismo material de módulos edométricos E_{m1} y E_{m2}, a igualdad del resto de los factores, el tiempo necesario correspondiente a un cierto grado de consolidación será igual al cociente de los módulos edométricos:

$$\frac{t_1}{t_2} = \frac{E_{m1}}{E_{m2}}$$

Módulo 5

RESISTENCIA AL CORTE DE LOS SUELOS

Introducción

Al modificar el estado tensional del suelo se producen deformaciones que pueden originar su rotura. La forma de rotura más habitual en un suelo es por esfuerzo cortante (tensión tangencial), por eso uno de los aspectos fundamentales en el estudio de las propiedades mecánicas de los suelos es su resistencia al corte.

Como todo material, el suelo está sometido a esfuerzos de compresión y de tracción que pueden movilizar esfuerzos de corte. Sin embargo, a diferencia de otros materiales, los suelos exhiben resistencias a la compresión significativamente altas y en la mayoría de los casos los esfuerzos de tracción aplicados a los suelos son pequeños o prácticamente nulos. En consecuencia, la resistencia de un suelo a la rotura depende principalmente de su resistencia a los esfuerzos de corte o tangenciales movilizados por los esfuerzos de compresión y, aunque los suelos con cohesión rompen a veces por tracción (es el caso de las grietas verticales que se pueden observar en la coronación de un talud deslizado), hablar de estados de corte movilizados por tracción es un aspecto residual desde el punto de vista de la Mecánica del Suelo.

Conocer la resistencia al corte es requisito indispensable en cualquier análisis relacionado con la estabilidad de una masa de suelo, especialmente en los casos en que existan tensiones de considerable magnitud y grandes deformaciones. La resistencia al corte es el punto de partida para la compresión de problemas como la capacidad portante del suelo para el diseño de fundaciones y cimentaciones, la estabilidad de taludes y el estudio de empuje de tierras en proyectos de estructuras de contención y obras de sostenimiento como muros, pantallas de pilas y anclajes.

Tensiones tangenciales y resistencia al corte

Cuando se aplica un sistema de fuerzas a un volumen determinado de suelo se desarrollan, en general, tensiones cortantes. Estas tensiones dan lugar a deformaciones del suelo, que pueden ser importantes a lo largo de ciertas superficies, llamadas superficies de falla o superficies de rotura (figura 5.1). El concepto de falla en un suelo se refiere a toda rotura, deformación o movimiento que hace que el suelo no cumpla en forma aceptable la función que tiene asignada.

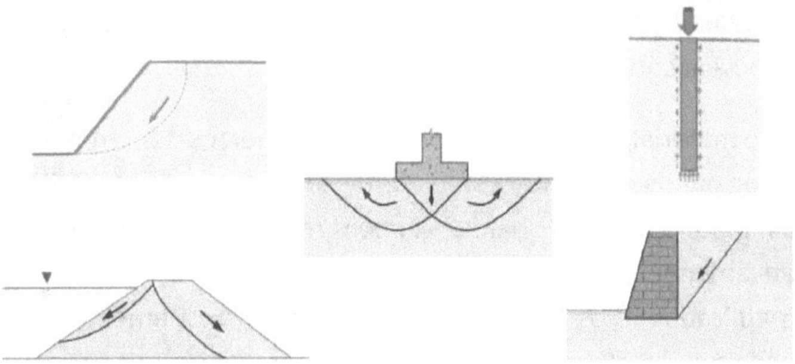

Figura 5.1: Superficies de falla en el terreno según tipo de estructura (Luis Ortuño Abad).

Como las partículas del suelo son indeformables, las tensiones tangenciales (desarrolladas en los planos medios de sus contactos por la acción de las fuerzas exteriores) producen movimientos entre ellas, a los que se oponen las fuerzas intergranulares que comprimen los granos Los movimientos pueden ser sin cambio de volumen a corto plazo o con cambio de volumen a largo plazo si se expulsa el agua de los huecos de la estructura del suelo.

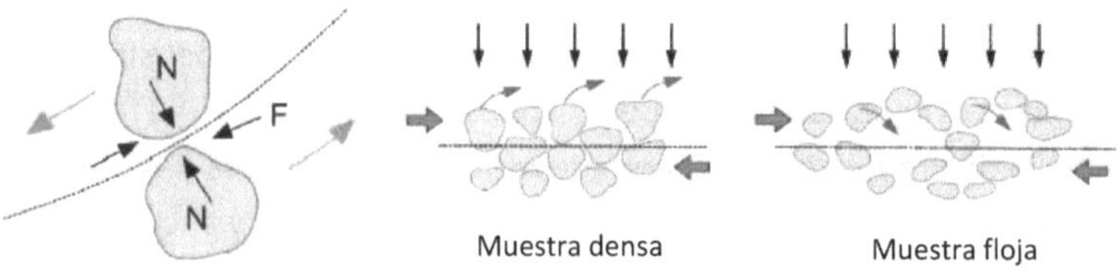

Figura 5.2: Movimiento de partículas por la acción de los esfuerzos tangenciales (Luis Ortuño).

En el instante de cargar un terreno saturado (condiciones de corto plazo) los esfuerzos cortantes son prácticamente los mismos que se mantendrán a lo largo del tiempo, pero los esfuerzos intergranulares no. Inicialmente son más pequeños y van aumentando al producirse la consolidación del escalón de carga aplicado, drenarse el agua y disiparse las presiones intersticiales. En condiciones de disipación de esas presiones intersticiales (largo plazo), las fuerzas intergranulares han aumentado y se oponen a la acción de los esfuerzos tangenciales, aumentando la resistencia.

En los suelos habituales la rotura no se produce porque rompen sus granos, sino que se trata de una situación en la que se van acumulando los movimientos globales de las partículas, que van deslizando y girando unas sobre otras al no poder impedirlo las fuerzas intergranulares que existen entre ellas, alcanzándose una relación entre los esfuerzos exteriores y los desplazamientos de conjunto de la forma que se puede ver en la figura 5.3.

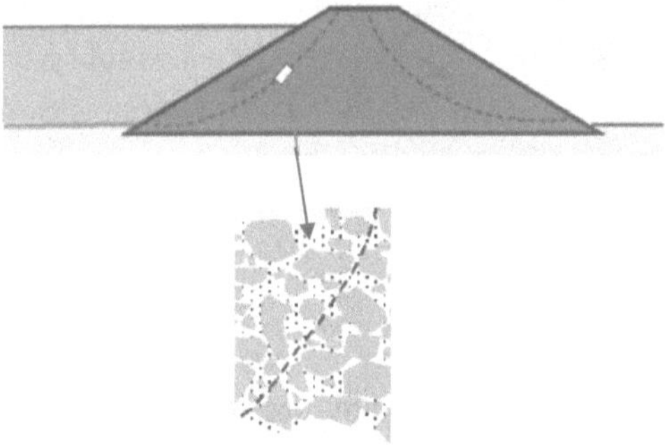

Figura 5.3: Relación esfuerzos exteriores y desplazamientos de conjunto en la rotura.

Puede decirse que la resistencia del suelo, que está formado por partículas indeformables, se debe a la resistencia al corte que se produce en el conjunto de sus contactos (en planos medios de los contactos), dependiendo de los esfuerzos que soporte. Así, la resistencia al corte se define como la tensión tangencial en el plano de rotura en el momento de la misma. Es la única fuerza que se opone al deslizamiento. La resistencia al corte no puede considerarse como un parámetro único y constante del suelo, ya que depende de su naturaleza, estructura, enlaces, nivel de deformaciones y, muy especialmente, de su estado tensional y de la presión del fluido que rellena sus poros (agua o agua y aire).

Desde el punto de vista de la relación esfuerzo-deformación, en los suelos debemos tener en cuenta dos tipos de resistencia: la resistencia pico y la resistencia residual. La resistencia pico es la máxima resistencia al corte del material, el cual no ha sido fallado previamente. La resistencia de pico corresponde al punto más alto en la curva esfuerzo-deformación. Sin embargo, en algunos materiales se observa que, a medida que la deformación continúa, la resistencia se reduce hasta alcanzar un valor mínimo constante que se denomina resistencia residual. La resistencia residual es un valor más bajo que la resistencia de pico y se manifiesta una vez que la rotura se ha producido (figura 5.4).

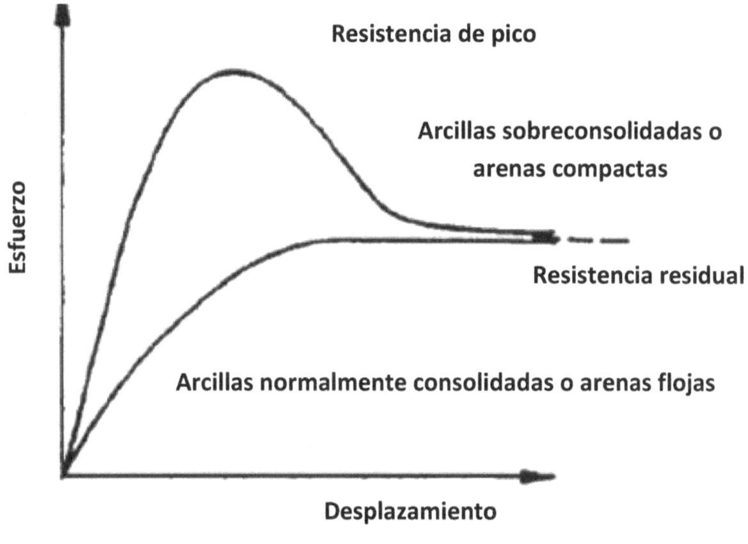

Figura 5.4: Relación tensión tangencial-desplazamientos para diversos tipos de suelo.

Las arcillas normalmente consolidadas, las arenas flojas (de baja compacidad) y los suelos dúctiles apenas presentan una resistencia de pico diferente de la resistencia residual. En los suelos frágiles la disminución de la resistencia pico a la residual al producirse la falla es significativa. La diferencia entre la resistencia de pico y la residual es un indicativo de la fragilidad de los materiales. Otro factor que determina las diferencia entre la resistencia pico y la residual es la sensitividad, la cual está relacionada con la pérdida de resistencia por el remoldeo o la reorientación de las partículas de arcilla. En arcillas normalmente consolidadas la resistencia al corte del material remoldeado se suele considerar igual al valor de la resistencia residual. La pérdida de resistencia en el momento de la falla al cortante está relacionada principalmente con una disminución de la cohesión.

Criterio de rotura Mohr-Coulomb

En 1776 Coulomb observó que, cuando el empuje de un suelo contra un muro de contención produce un ligero movimiento del muro, en el suelo retenido se forma un plano de deslizamiento esencialmente recto (figura 5.5.).

Figura 5.5: Plano de deslizamiento recto en suelo retenido por muro de contención.

Coulomb postuló que la resistencia al deslizamiento por unidad de superficie en el plano de falla en el interior del suelo está dada por la expresión:

$$\tau = c + \sigma \cdot \tan \phi$$

Donde σ es la tensión normal total en el plano de falla, ϕ el ángulo de fricción o rozamiento interno del suelo y c la cohesión del suelo. Coulomb supuso que ϕ y c son constantes e independientes entre sí.

La ecuación de Coulomb es una relación puramente empírica y se basa en la ley de fricción de Amontons para el deslizamiento de dos superficies planas, con la inclusión de un término cohesión c para tener en cuenta la stiction propia de los suelos arcillosos.

El sumando:

$$\tau = \sigma \cdot \tan \phi$$

supone que existe una resistencia de rozamiento entre granos, similar en su enfoque al clásico esquema de rozamiento de un cuerpo sobre un plano de Leonardo da Vinci, que posteriormente fue redescubierto en el siglo XVII por el físico francés Amontons (figura 5.6).

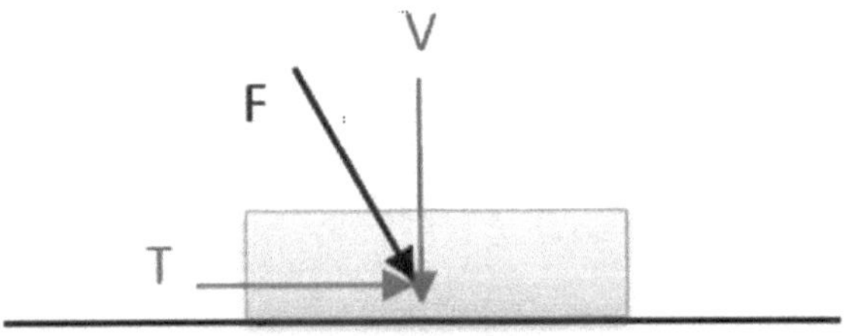

Figura 5.6: Ley de fricción entre superficies lanas.

En este mecanismo hay una relación entre la fuerza tangencial T, que hace deslizar un plano sobre otro, mientras existe una fuerza V aplicada normalmente al plano de contacto:

$$T = V \cdot \mu = V \cdot \tan \phi$$

El coeficiente μ se suele representar como la tangente trigonométrica de un cierto ángulo ϕ, el de rozamiento entre los dos cuerpos que deslizan relativamente, que es el ángulo (oblicuidad) que forma la fuerza total aplicada F con la fuerza normal V al deslizar. Análogamente, se puede representar el rozamiento entre los granos de un suelo (fricción entre partículas), que debe de ser por tanto proporcional a la presión normal σ que actúa sobre el plano de deslizamiento, tal como se ilustra en la figura 5.7.

FRICCIÓN ENTRE PARTÍCULAS

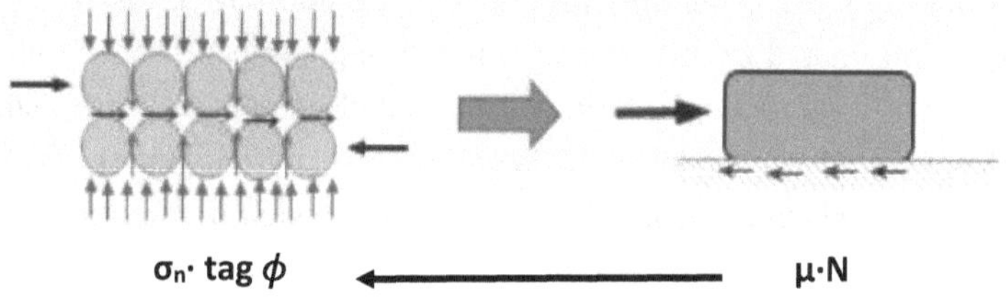

Figura 5.7: Mecanismo de fricción entre las partículas del suelo.

El ángulo de rozamiento ϕ depende de una gran cantidad de factores, entre los que podemos indicar los siguientes:

- Tipo de mineral constitutivo de las partículas. ϕ es mayor cuanto mayor sea el coeficiente de rozamiento de los materiales que constituyen las partículas.
- Tamaño de los granos o partículas. A mayor grano de partícula, mayor es ϕ.
- Forma de los granos o partículas. ϕ es mayor para partículas angulosas.
- Distribución de los tamaños de las partículas. En suelos bien gradados ϕ es mayor que en los suelos uniformes.
- Fábrica o microestructura (organización de las partículas).
- Densidad.
- Permeabilidad (facilidad de drenaje).
- Presión normal o de confinamiento
- Presión de preconsolidación.

Cuanto mayor sea el ángulo de rozamiento ϕ, el suelo será más friccionante y su resistencia al corte será mayor.

El mecanismo de fricción, sin embargo, resulta insuficiente para explicar una cierta resistencia al corte que existe en determinados suelos cuando no hay fuerzas intergranulares o σ. Ello es debido al otro mecanismo postulado por Coulomb, denominado cohesión c, que es independiente de σ y del plano de falla y que se debe a los enlaces que pueden existir entre las partículas, enlaces generalmente débiles y de tipo covalente, sobre todo cuando son finas. Este mecanismo supone una cierta resistencia al corte función de la mineralogía, fábrica y humedad de suelos, principalmente arcillosos. En Mecánica del Suelo, la cohesión se utiliza para representar la resistencia al cortante producida por la cementación o adherencia de las partículas del suelo en exceso de la generada por la resistencia friccional entre partículas y el reordenamiento de las mismas.

En los suelos eminentemente granulares, en los cuales no existe ningún tipo de cementante o material que pueda producir adherencia, la cohesión se supone igual a cero. A estos suelos se les denomina suelos friccionantes, no cohesivos o incoherentes (c= 0). En los suelos no saturados, la tensión debida a la succión del agua en los poros produce un fenómeno de adherencia entre partículas por presión de poro negativa o fuerzas capilares (tensión superficial). Esta cohesión se denomina cohesión aparente, depende de la humedad del suelo y desaparece con la saturación.

La utilización de la ecuación de Coulomb no condujo siempre a diseños satisfactorios de estructuras de suelo, ya que la presencia de agua reduce la resistencia del suelo. La razón de ello no se hizo evidente hasta que Terzaghi publicó el principio de las tensiones efectivas. Pudo apreciarse entonces que, dado que el agua no puede soportar esfuerzos cortantes sustanciales, la resistencia al corte de un suelo debe ser el resultado únicamente de la resistencia a la fricción que se produce en los puntos de contacto entre las partículas. La magnitud de esta resistencia depende solo de la magnitud de los esfuerzos efectivos que soporta el esqueleto del suelo. Por tanto, cuanto mayor sea el esfuerzo efectivo normal a un plano de falla potencial, mayor será la resistencia al corte en dicho plano.

Expresando la ecuación de Coulomb en términos de tensiones efectivas, se tiene para un suelo saturado:

$$\tau = c' + \sigma' \cdot \tan \emptyset'$$

siendo c´ la cohesión efectiva, independiente de las fuerzas intergranulares, σ´ la tensión normal efectiva en el plano considerado y ϕ' el ángulo de rozamiento efectivo entre las partículas. Los parámetros c´ y ϕ' no son constantes ni propiedades intrínsecas del suelo; son parámetros de un modelo teórico de comportamiento planteado de forma implícita por Coulomb. Estos parámetros dependen en gran medida de la velocidad de aplicación de la carga y de las condiciones de drenaje del suelo (fenómeno de consolidación y permeabilidad del suelo).

La ecuación de Colulomb representa una recta en el espacio (σ´, τ) (figura 5.8) que, a menudo, se denomina línea de resistencia intrínseca, línea de falla o envolvente de rotura del suelo. También se conoce como recta de Coulomb. Esta recta proporciona, para cada valor de la tensión efectiva normal a un plano que atraviesa un elemento de suelo, la máxima tensión tangencial que se puede movilizar a favor de dicho plano. Es decir, la combinación de tensiones tangenciales y tensiones normales que corresponden al estado de equilibrio límite. El equilibrio límite se presenta como el estado que precede inmediatamente a la rotura. Todo aumento de tensión por encima de esos valores puede entrañar la rotura del suelo por fluencia plástica.

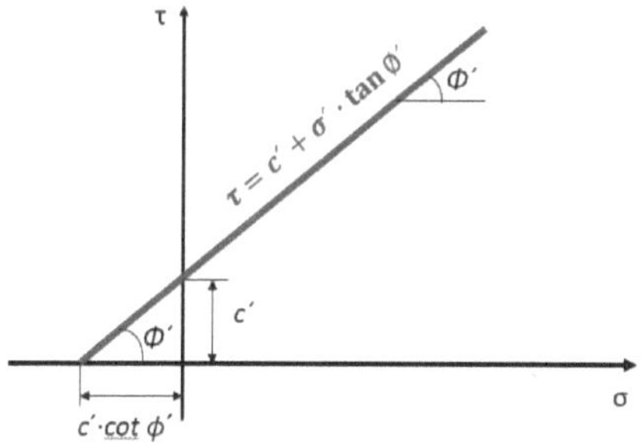

Figura 5.8: Recta de Coulomb y parámetros de resistencia del suelo.

De la ecuación de la recta de resistencia intrínseca se deduce que la cohesión efectiva c´ es la ordenada en el origen de la recta de Coulomb, por lo que representa la máxima tensión tangencial movilizable en un plano cuando no actúa tensión efectiva normal sobre dicho plano ($\sigma'= 0$). Por otro lado, también se puede inferir por la pendiente de la recta, que la máxima tensión tangencial movilizable en un plano es mayor a medida que aumenta la tensión efectiva normal que actúa sobre dicho plano. Es decir, el suelo es más resistente cuanto mayor sean sus tensiones efectivas. La distancia al origen $c' \cot \phi'$ representa la resistencia a tracción del suelo ($\sigma' < 0$ y $\tau = 0$).

La recta de Coulomb actúa pues como una superficie de estado tensional límite que permite analizar la condición de rotura al separar estados tensionales posibles de estados tensionales imposibles. Si se alcanza el valor de deslizamiento τ, el suelo está en el límite para que se produzca la rotura o deslizamiento en el plano considerado. Si el valor de tensión cortante o tangencial actuante es menor que τ, no se alcanza la rotura. Así, en la figura 5.9 el punto (1) representa el estado tensional límite previo a la rotura. El punto (2) representa una combinación de (σ', τ) que tiene un cierto grado de seguridad ya que, para una determinada tensión efectiva normal, la tensión tangencial es inferior a la máxima que se puede movilizar. El punto (3) representa un estado imposible por encontrarse por encima de la línea de resistencia intrínseca, lo que significa que se ha sobrepasado la combinación máxima (σ', τ) del criterio de rotura y, por tanto, no es compatible con la rotura del suelo.

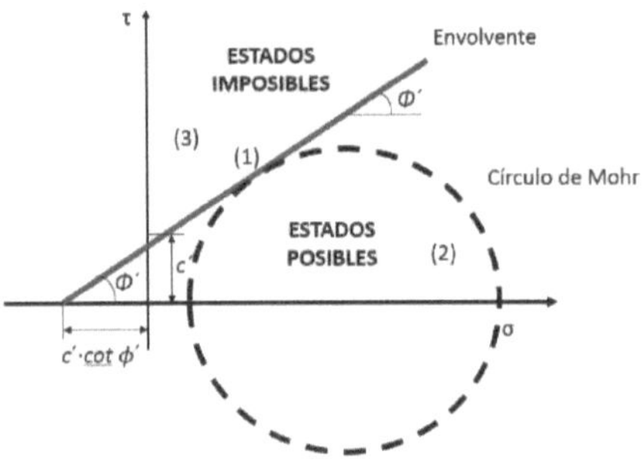

Figura 5.9: Estados tensionales según criterio de rotura.

En general, los suelos poseen al mismo tiempo cohesión y fricción interna. No obstante, las arenas lavadas y secas no poseen cohesión. En este caso, la recta de Coulomb pasa por el origen de coordenadas (c= 0) y la rotura se produce a partir de un valor de la tensión tangencial superior a:

$$\tau = \sigma' \cdot \tan \phi'$$

Esto significa que el criterio de rotura se reduce a una simple ley de rozamiento de forma que, mientras la oblicuidad de las tensiones sea inferior a ϕ', el equilibrio es muy amplio. Los materiales con cohesión nula se denominan incoherentes. Si $c \neq 0$ el material es coherente.

Las arcillas blandas y secas se comportan como si $\phi'=0$, por lo que resulta que la tensional tangencial máxima movilizable en este tipo de suelos es constante e igual a la cohesión del suelo (τ= c). En este caso, la línea de resistencia intrínseca es una línea horizontal cuya ordenada en el origen representa la resistencia sin drenaje del material.

En 1882 Mohr postuló que, en un elemento de suelo sometido a un cierto estado de tensiones, se produce la plastificación cuando en alguno de los infinitos planos que pasan por él, las tensiones alcanzan a cumplir la relación:

$$\tau = c' + \sigma' \cdot \tan \emptyset'$$

La condición de rotura resultante se visualiza de forma clara empleando la representación de Mohr, considerando que la rotura se produce cuando el círculo de Mohr, que representa el estado de tensiones en un punto, es tangente a la condición de rotura (la misma expresión anterior), pero sin prefijar el plano de falla, que vendrá definido por el punto de tangencia y el polo del círculo. Este criterio se conoce como criterio de rotura de Mohr-Coulomb.

La recta de Coulomb representa la envolvente de los círculos de Mohr correspondientes a los estados tensionales de equilibrio límite del suelo tal como se ejemplifica en la figura 5.10.

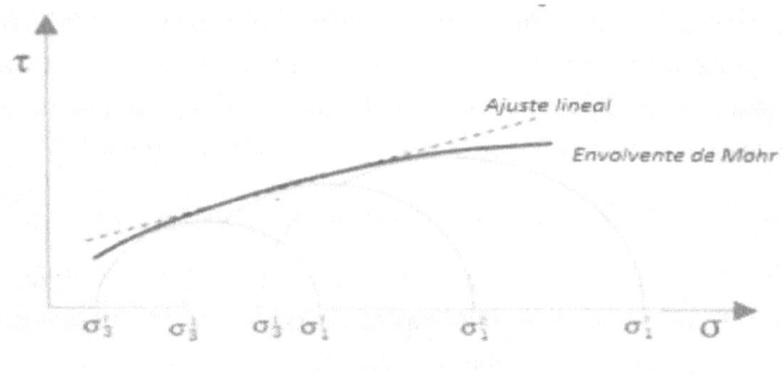

Figura 5.10: Criterio de rotura Mohr-Coulomb. Envolvente de Mohr.

Según este criterio de rotura, el punto de tangencia entre el círculo de Mohr y la recta de Coulomb (envolvente de falla o línea de resistencia intrínseca) es el punto representativo del estado tensional límite o máxima resistencia al corte del suelo, que corresponde a un factor de seguridad 1. Las coordenadas del punto de tangencia (σ´, τ) representan el esfuerzo normal actuante y el esfuerzo tangencial que se moviliza en el plano de rotura en el momento inmediatamente anterior a que se produzca la falla del suelo.

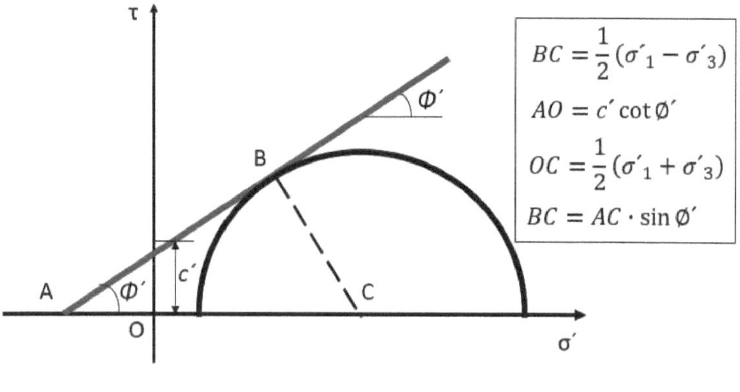

Figura 5.11: Criterio de rotura Mohr-Coulomb.

Para determinar el plano de rotura haremos uso de las propiedades del círculo de Mohr, teniendo en cuenta la condición de tangencia del círculo de Mohr con la línea de resistencia intrínseca. Si el ángulo que forma el plano de falla con el plano de aplicación de la tensión principal mayor σ_1 es igual a θ, entonces el punto de tangencia representativo en el círculo de Mohr de las tensiones actuantes sobre dicho plano se encuentra girado un ángulo 2θ. El triángulo DOC, representado en la figura 5.12, formado por la tangencia de la envolvente con el estado de esfuerzos en el punto de falla D, es muy útil porque permite relacionar los esfuerzos principales que determinan el círculo de Mohr y los esfuerzos y parámetros que van asociados a la envolvente de resistencia.

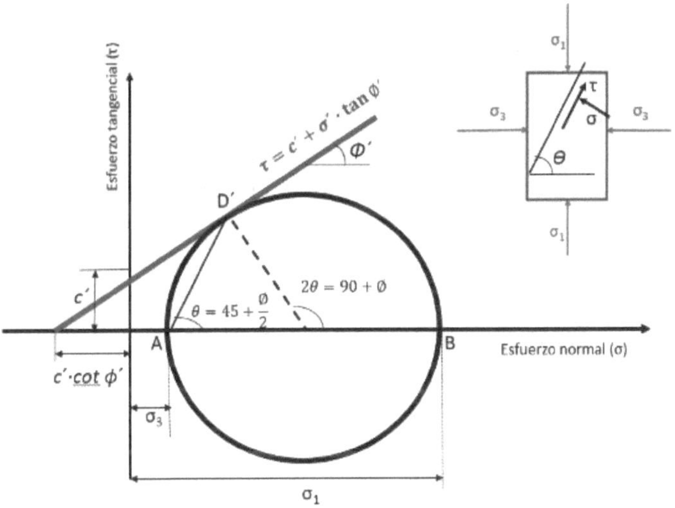

Figura 5.12: Criterio de rotura Mohr-Coulomb: tensiones principales y parámetros resistentes.

Los ángulos del triángulo DOC, que responde al criterio de rotura Mohr-Coulomb, son 90º, ∅ y ϒ. Al ser el triángulo rectángulo, el ángulo ϒ vale:

$$\gamma = 90° - \emptyset$$

Si tenemos en cuenta la posición del punto D en el círculo de Mohr resulta que:

$$\gamma = 190° - 2\theta$$

Igualando ambas expresiones:

$$90° - \emptyset = 190° - 2\theta$$

Por tanto:

$$\theta = 45° + \frac{\emptyset}{2}$$

Es decir, el ángulo θ que forma el plano de falla con el plano sobre el que se aplica la tensión principal mayor σ_1 (en el caso de la figura 5.12 el plano horizontal como en la compresión triaxial según veremos más adelante) es igual a la mitad del ángulo de rozamiento interno aumentado en 45°.

Para plantear la relación entre los esfuerzos principales del círculo y los parámetros resistentes asociados a la envolvente, hay que apoyarse en la función trigonométrica siguiente, definida a partir del triángulo DOC:

$$\sin \emptyset = \frac{OD}{OC} = \frac{R}{c \cdot \cot \emptyset + \sigma_3 + R}$$

Teniendo en cuenta el valor del radio del círculo de Mohr, resulta:

$$\frac{\sigma_1 - \sigma_3}{2} = \left(c \cdot \cot \emptyset + \frac{\sigma_1 + \sigma_3}{2}\right) \cdot \sin \emptyset$$

Despejando la tensión principal mayor σ_1:

$$\sigma_1 = \sigma_3 \left(\frac{1 + \sin \emptyset}{1 - \sin \emptyset}\right) + 2c \cdot \left(\frac{\cot \emptyset}{1 - \sin \emptyset}\right)$$

Y teniendo en cuenta la relación trigonométrica siguiente:

$$\frac{1 + \sin \emptyset}{1 - \sin \emptyset} = \left(\tan\left(45° + \frac{\emptyset}{2}\right)\right)^2$$

Así como la relación que hay entre Ø y θ, resulta:

$$\left(\tan\left(45^\circ + \frac{\emptyset}{2}\right)\right)^2 = (\tan\theta)^2$$

siendo:

$$N_\emptyset = (\tan\theta)^2$$

el número flujo o flow number, que nos permite obtener la ecuación general de la resistencia al corte:

$$\sigma_1 = \sigma_3 \cdot N_\emptyset + 2c \cdot \sqrt{N_\emptyset}$$

Esta ecuación representa la formulación del criterio de Mohr-Coulomb en términos de las tensiones principales. Constituye la solución del punto de tangencia D de la condición del equilibrio límite determinada por el círculo de Mohr de diámetro σ_1-σ_3. Esta ecuación permite resolver analíticamente los problemas de resistencia al corte en los suelos.

Ensayos de resistencia al corte

Una vez establecido el criterio de rotura, en este caso el de Mohr-Coulomb, aunque existen otros más sofisticados y apropiados para determinados materiales como el de Hoek-Brown para rocas, fue necesario desarrollar los ensayos de laboratorio que permiten determinar los parámetros del criterio, es decir, la cohesión c y el ángulo de rozamiento interno ϕ de la línea de resistencia intrínseca.

La metodología que se sigue es la siguiente:

1. Se introduce alguna simplificación para establecer cómo se aplican las tensiones en el material en laboratorio (por ejemplo, aplicando solo esfuerzos verticales como es el caso de la compresión simple) y se establecen las condiciones de drenaje en que se va a desarrollar el ensayo.
2. Se utiliza un sistema de carga que permita reproducir la aplicación de tensiones deseada y las condiciones de drenaje impuestas.

3. Con estas condiciones, se ensayan probetas representativas del terreno hasta rotura, la cual se define por las máximas tensiones medidas (resistencia de pico) o por las que llevan deformaciones importantes con estabilización de tensiones (resistencia residual).
4. Una vez definida la condición de rotura, se representa el círculo de Mohr de ese estado tensional. Como dicho estado es el que corresponde a una situación de rotura, tiene que ser tangente a la línea de resistencia intrínseca. Si se ensayan varias probetas similares, con las mismas condiciones de drenaje y variando alguna de las tensiones aplicadas, pueden deducirse varios círculos de Mohr de rotura. La línea recta tangente a ellos, lo más ajustada posible, será la línea de resistencia intrínseca del material y, por tanto, proporcionará los valores de los parámetros de la misma (cohesión c y rozamiento interno ϕ). Estos parámetros corresponden a las condiciones de drenaje impuestas:
    a. Si no hay drenaje alguno, son parámetros de resistencia sin drenaje, a corto plazo, en tensiones totales (c_u, ϕ_U).
    b. Si hay drenaje prácticamente total, son parámetros de resistencia drenada o intrínseca, o sea, son los verdaderos parámetros de resistencia del suelo o en presiones efectivas (c', ϕ').
5. Se supone que estos valores son representativos del terreno real.
6. En los casos reales se estudian los estados de tensiones a que lleva la obra y se comparan con la línea intrínseca para conocer el grado de seguridad que resulta.

Los ensayos de resistencia al corte se pueden realizar según dos condiciones de drenaje, dependiendo de la velocidad con que el agua puede fluir a través del suelo, comparada con el tiempo que el suelo soporta un cambio de carga. El objeto de analizar las condiciones de drenaje es determinar si una carga es capaz o no de producir excesos de presión de poro. La condición es drenada cuando el agua es capaz de fluir rápidamente en la masa del suelo si es sometida a una carga y, en consecuencia, no se produce exceso de presión de poros al disminuir el volumen de vacíos que se produce al aplicar la carga. La condición es no drenada cuando el agua no es capaz de fluir en el momento en que el suelo está sometido a una carga y se produce entonces un exceso de presión de poros como respuesta a la tendencia al cambio del volumen de vacíos por acción de la carga. Si la carga se aplica muy rápidamente y la permeabilidad del suelo es baja, se puede producir una condición no drenada. Si la carga se aplica lentamente o la permeabilidad al agua es alta, generalmente se produce una condición drenada.

La resistencia drenada del suelo se utiliza en análisis con esfuerzos efectivos. Es la resistencia del suelo cuando se carga de forma lenta y no se producen presiones de poros en exceso, debidas a la aplicación de la carga. Igualmente, la resistencia drenada se presenta cuando la carga ha estado aplicada por un periodo suficiente de tiempo de tal forma que el suelo ya ha sido consolidado y, por tanto, drenado. En estos casos los esfuerzos totales aplicados son esfuerzos efectivos.

La resistencia sin drenaje es la resistencia del suelo cuando se carga hasta la falla en condiciones no drenadas, es decir, cuando las cargas que producen la rotura se aplican sobre la masa de suelo a una velocidad superior a la del drenaje del suelo. El contenido de agua y el volumen de suelo permanecen constantes durante la carga no drenada, generándose presiones de poro en exceso. El comportamiento no drenado de las arcillas saturadas se analiza en términos de esfuerzos totales y la evaluación de las presiones de poros es innecesaria. Bajo esta situación se asume que $\phi= 0$ y la resistencia no drenada c_u es igual al valor de la cohesión en la envolvente de Mohr-Coulomb para esfuerzos totales.

En la práctica habitual, se realizan tres tipos de ensayos de resistencia al corte en laboratorio:

- Ensayo de compresión simple
- Ensayo de corte directo
- Ensayo triaxial

Ensayo de corte directo

Uno de los ensayos a los que se acude para medir la resistencia al corte del terreno es el ensayo de corte directo, que resulta especialmente indicado para describir los conceptos básicos asociados a la resistencia al corte del suelo.

Para los ensayos de corte directo se utiliza la caja de Casagrande o caja de corte rectilíneo, en la cual se intenta conseguir la rotura de la muestra según un plano horizontal determinado, que no tiene que ser la superficie más débil (figura 5.13).

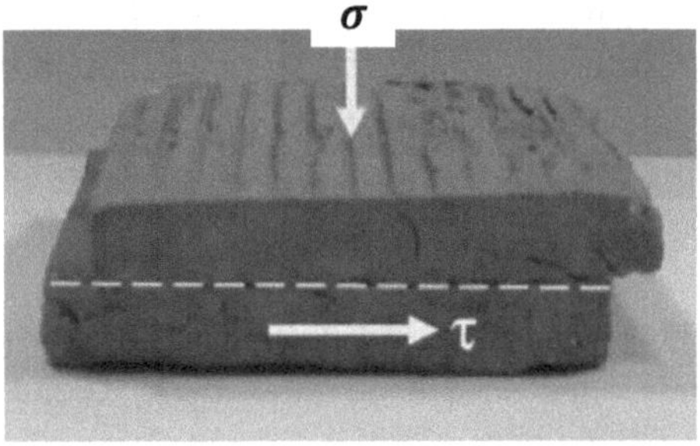

Figura 5.13: Plano horizontal de rotura predeterminado en ensayo de corte directo.

La caja de Casagrande se trata de una caja cuadrada o circular, de paredes rígidas, sin tapa ni fondo, en cuyo interior se coloca la muestra de suelo (de sección cuadrada 60x60 mm si tiene forma de paralelepípedo, o con diámetro de 55-70 mm si es cilíndrica). La caja está dividida horizontalmente en dos partes iguales. Sobre la cara superior de la muestra se coloca una placa rígida y se aplica una carga vertical constante N a compresión. Todo el conjunto se introduce en un recipiente de acero de mayores dimensiones, que puede llenarse de agua para realizar el ensayo en condiciones de saturación (en este último caso se pueden disponer también de piedras porosas encima y debajo de la muestra para facilitar el drenaje). Un comparador permite observar la consolidación de la muestra bajo la carga vertical. La inducción de tensiones cortantes en el suelo se logra trasladando horizontalmente la parte inferior de la caja de corte, mientras se impide totalmente el movimiento de la parte superior.

En diversos instantes, a lo largo del ensayo se van midiendo:

- El desplazamiento horizontal (x) de la mitad inferior de la caja.
- La fuerza horizontal (F) necesaria para impedir el movimiento de la parte superior, de manera que dividiendo por la sección de la probeta se obtiene la tensión tangencial movilizada en cada instante (T).
- El desplazamiento vertical de la placa situada sobre la muestra (ΔH). Teniendo en cuenta que las paredes de la caja de corte son rígidas, como en el edómetro, la deformación vertical medida proporciona directamente el cambio de volumen de la muestra.

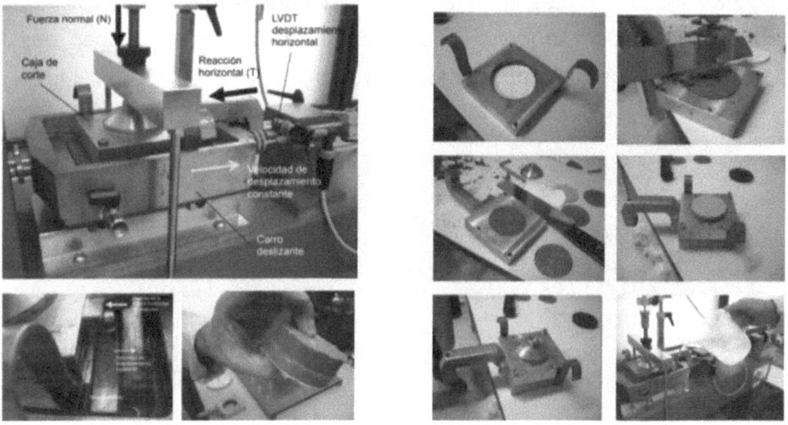

Figura 5.14: Ensayo de corte directo. Caja de Casagrande.

El material rompe para un cierto valor de (T) según el plano de separación de la caja, que debe coincidir sensiblemente con el plano de simetría de la muestra. El conocimiento de (T) y (N) permite determinar un punto de la curva de resistencia intrínseca, pues si $A=L^2$ es la sección del aparato, las componentes de la tensión crítica serán:

$$\text{Componente tangencial: } \tau = \frac{T}{A} = \frac{T}{L^2}$$

$$\text{Componente normal: } \sigma = \frac{N}{A} = \frac{N}{L^2}$$

El esfuerzo tangencial se aplica con control de deformación horizontal δ, con lo que se obtiene una relación (τ- δ) que permite definir el τ de rotura. Este valor puede ser de pico o valor máximo o bien residual, después de gran deformación, lo que ocurre en los suelos arcillosos rígidos y arenas densas; en los suelos blandos y flojos la resistencia sube poco a poco hasta un valor final estable con gran deformación. Así se puede definir una tensión tangencial de rotura τ, con lo que conjuntamente con σ puede determinarse el círculo de Mohr de rotura, suponiendo que el punto así definido es el más alto del círculo de Mohr. Con varias probetas, variando σ, pueden obtener varios círculos de Mohr de rotura, lo que permite obtener la línea de resistencia intrínseca. En la práctica en vez de dibujar la tangente a esos círculos, se unen entre sí ya que la sección en rotura es menor de la nominal teórica y los círculos de rotura estarán un poco más a la derecha que los dibujados como se ha explicado.

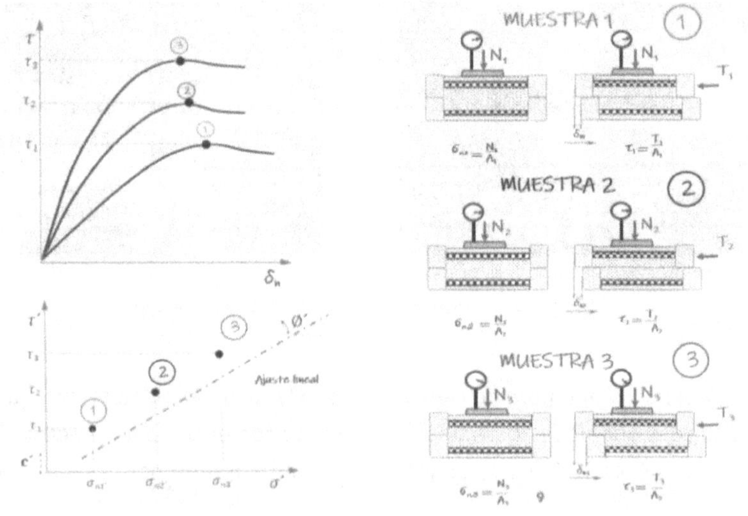

Figura 5.15: Ensayo de corte directo. Determinación de la envolvente de Coulomb.

A partir de la envolvente de Coulomb así determinada se pueden conocer la cohesión c´ y el ángulo de rozamiento interno ϕ':

$$\tau = c' + \sigma' \cdot \tan \phi'$$

Tanto la carga vertical como el esfuerzo tangencial aplicados originan un cambio en la relación de vacíos de la muestra. Si los vacíos están ocupados por aire, el cambio se produce de forma casi instantánea, pero si la muestra está saturada, la resistencia a eliminar el agua a través de los vacíos retarda el cambio. La cantidad de agua que permanece en el suelo en el momento de la rotura depende de varios factores: grado de consolidación bajo carga vertical, permeabilidad del suelo, velocidad con que se aplica la fuerza de corte y las condiciones de drenaje. Según la influencia de estos factores, existen distintos modos de realizar el ensayo:

1. Ensayos de corte lento, con consolidación previa.
2. Ensayos de corte rápido, con consolidación total previa (ensayo consolidado rápido).
3. Ensayo de corte rápido sin consolidación previa.

TIPO	REALIZACIÓN	PARÁMETRO	APLICACIÓN
Ensayos de corte lento. **CD**	Con consolidación previa de la carga normal y aplicación de la carga tangencial a velocidad lenta. Drenaje en ambas fases.	ϕ' c'	Suelos **COHESIVOS** Suelos **GRANULARES**
Ensayos consolidados rápidos **CU**	Con consolidación previa de la carga normal (con drenaje) y aplicación de la carga tangencial a velocidad rápida, sin drenaje. Drenaje en ambas fases.	ϕ_{cu} C_{cu}	Suelos **COHESIVOS**
Ensayos sin drenaje **UU**	La carga normal y la carga tangencial se aplican sin drenaje.	ϕ_{uu} C_{uu}	Suelos **COHESIVOS**

Figura 5.16: Modalidad de ensayos de corte directo.

Ensayo de corte lento, con consolidación previa

El ensayo es drenado. La carga vertical N se deja consolidar, como en el edómetro, y posteriormente la fuerza de corte T se aplica muy lentamente, de forma que la humedad del suelo tiene tiempo de adaptarse al cambio de tensión al permitirse el drenaje a través de las piedras porosas.

En teoría, este ensayo podría aplicarse en cualquier tipo de suelo. Sin embargo, en arcillas y suelos coherentes su duración es extraordinariamente larga, por lo que generalmente se realiza en suelos arenosos, que drenan y consolidan rápidamente.

Ensayo de corte rápido, con consolidación total previa (ensayo consolidado rápido)

El ensayo es drenado. La carga vertical N se deja consolidar como en el edómetro y la fuerza de corte T se aplica muy rápidamente, de forma que la humedad del suelo se mantiene constante durante el proceso de corte propiamente dicho.

Este ensayo es apropiado cuando se trata de determinar la estabilidad de un terreno previamente consolidado y sometido posteriormente a solicitaciones rápidas. No se puede realizar en arenas o suelos arenosos debido a su gran permeabilidad pues, aunque el esfuerzo de corte se aplique muy rápidamente, no se puede evitar el cambio de humedad de la muestra.

Ensayos de corte rápido, sin consolidación previa (ensayo sin drenaje)

El ensayo es no drenado. Se realiza sin piedras porosas y en pocos minutos. El esfuerzo de corte se aplica inmediatamente después de la carga vertical, de forma que la probeta no tenga tiempo de consolidar antes del ensayo. El esfuerzo vertical debe aplicarse también muy rápidamente, para que tampoco tenga tiempo de consolidar durante el mismo.

En este ensayo el contenido de humedad de la muestra permanece prácticamente inalterado durante la aplicación de ambas cargas, se considera constante desde el inicio hasta el final del ensayo.

Este tipo de ensayo se realiza cuando se quiere determinar la estabilidad de un terreno sometido a solicitaciones suficientemente rápidas para que el agua no pueda drenarse No se puede realizar en suelos de gran permeabilidad.

En la figura 5.17 se han representado los resultados que se pueden obtener con estos ensayos a corto y largo plazo sobre suelos arcillosos.

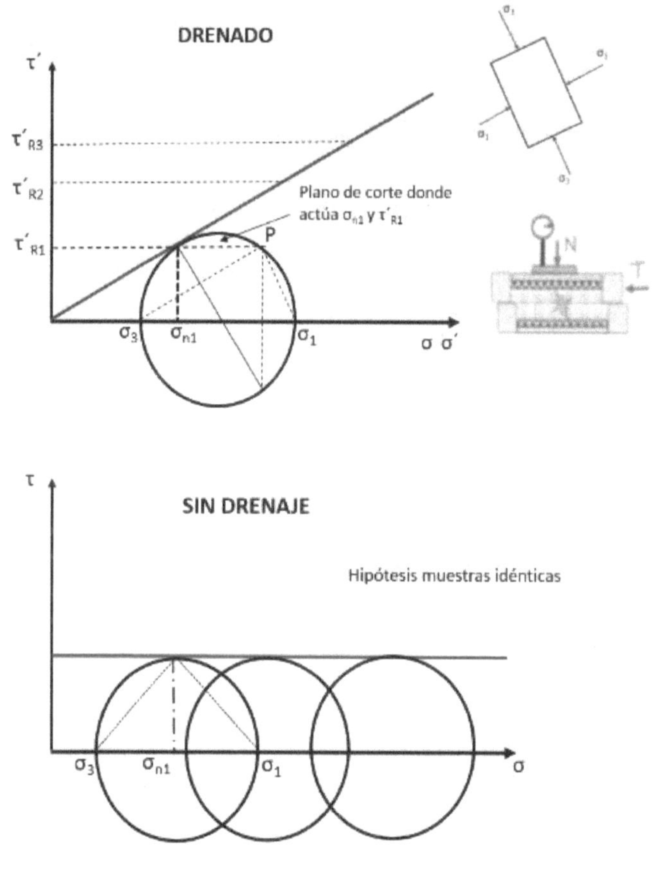

Figura 5.17: Ensayos de corte drenado y no drenado sobre suelos arcillosos normalmente consolidados.

En arcillas normalmente consolidadas y sin drenaje se obtiene una cierta cohesión (c_u) y un rozamiento nulo (ϕ'= 0), mientras que en arcillas normalmente consolidadas a largo plazo se obtienen cohesiones nulas y rozamientos importantes (ϕ'= 28-40), según densidad. La cohesión sin drenaje c_u es la resistencia al corte sin drenaje.

El ensayo de corte directo tiene una serie de limitaciones que impiden la obtención de unos valores de cohesión y del ángulo de rozamiento interno de auténtica eficacia y garantía. No obstante, es el método más simple y cuyo empleo está más extendido en razón de su rapidez y economía, aunque no tenga la exactitud suficiente. No es posible realizar ensayos de corte rápido en suelos que tengan cierta permeabilidad. En este tipo de suelo debe utilizarse el aparato triaxial.

Ensayo de compresión triaxial

Se atribuye a Casagrande la idea de utilizar un aparato triaxial para medir la resistencia al corte de los suelos. El primer aparato de este tipo lo construyó en 1930 en el Instituto Tecnológico de Massachusetts sobre un modelo de consolidación triaxial que había visto en Alemania. Este aparato triaxial es hoy en día elemento fundamental en todo laboratorio de mecánica de suelos.

Los ensayos de compresión triaxial son más sofisticados que los de corte directo. Las probetas, que tienen forma de un cilindro esbelto (H> 2D), se introducen en una cámara que tiene un fluido a presión, generalmente agua, envueltas en una membrana impermeable de látex.

Dando presión al agua de la célula se aplica una presión isotrópica o radial sobre la superficie lateral de la probeta σ_r. En la cámara puede entrar un pistón que aplica una carga vertical adicional por medio de una prensa, con lo que la probeta queda sometida también a una tensión longitudinal σ_l. Estas dos tensiones tienen una oblicuidad nula, por lo que son las tensiones principales, respectivamente, σ_3 y σ_1 en la superficie de la muestra.

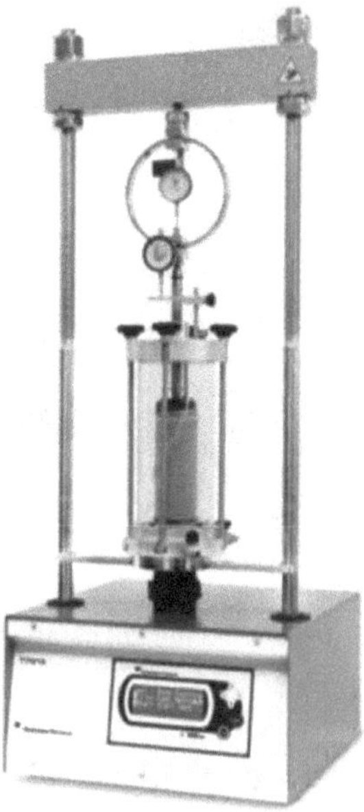

Figura 5.18: Aparato triaxial.

Actuando separadamente sobre la presión de la cédula y la fuerza transmitida por el pistón, puede conseguirse una amplia gama de combinaciones tensionales, pudiendo realizarse:

Ensayos de compresión: $\sigma_3 < \sigma_1$

Ensayos de contracción o estricción $\sigma_3 > \sigma_1$

Ensayos de tracción o extensión: la tensión σ_1 se aplica a tracción. Este tipo de ensayo requiere de unos dispositivos especiales.

El ensayo de compresión ($\sigma_3 < \sigma_1$) es el más utilizado y del que se disponen de más resultados experimentales. En general, se obtiene la rotura de la muestra manteniendo constante la tensión radial ($\sigma_r = \sigma_3$), aumentando la tensión longitudinal ($\sigma_l = \sigma_1$), aunque en ocasiones pueda trabajarse a la inversa (σ_l= constante y σ_r creciente).

Figura 5.19: Elementos del aparato triaxial.

Se aplica así un desviador de tensiones σ_1-σ_3 que va aumentando hasta llegar a rotura, con deformación controlada. La relación σ_1-σ_3 con la deformación vertical inducida ε_v permite representar la variación de resistencia, obteniéndose curvas similares a las de los ensayos de corte, dibujando para cada ensayo la curva desviador-deformación, llevando en abscisas deformaciones y en ordenadas los valores del desviador. Las tensiones principales en el momento de la rotura permiten dibujar el círculo de Mohr correspondiente. Para obtener la curva de resistencia intrínseca del material se ejecutan una serie de ensayos, variando σ_1-σ_3 y determinándose entonces la envolvente de los círculos de Mohr.

Este ensayo permite medir el cambio de sección horizontal y el cambio de volumen de la probeta. También aquí hay piedras porosas en los extremos de la probeta para hacer ensayos sin drenaje o drenados. Si no hay drenaje, las piedras porosas (que tienen la presión media del agua del interior de la probeta) se conectan con un sistema que permite medir dicha presión intersticial u. Así, como conocemos las presiones totales aplicadas σ_1 y σ_3, pueden deducirse los valores de σ'_1 y σ'_3 y dibujar los círculos de Mohr en totales y efectivas.

Los ensayos triaxiales, los más completos, al no establecer previamente el plano de rotura (como los de corte) y controlar σ_1 y σ_3 pueden ser de tres tipos:

- Ensayos drenados, que se realizan de forma suficientemente lenta para que la sobrepresión intersticial sea siempre nula.
- Ensayos no drenados, en los que el agua no puede expulsarse y el ensayo es suficientemente rápido de forma que se observa la aparición de fuertes sobrepresiones o depresiones.
- Ensayo no drenado con consolidación previa, que es una variante de los anteriores en la que, primero se deja consolidar la muestra bajo la presión radial y, llegado el momento de aplicación del desviador, es cuando se opera sin drenaje.

TIPO	REALIZACIÓN	PARÁMETRO	APLICACIÓN
Ensayos consolidados drenados **CD**	Aplicación de la carga (desviador) lenta. Drenaje en la etapa de consolidación y de carga. No se genera Δu. Presiones efectivas= Presiones totales	ϕ_d c_d	Parámetros drenados o parámetros efectivos
Ensayos consolidados no drenados **CU**	Con consolidación previa de la carga normal (con drenaje) y aplicación de la carga tangencial a velocidad rápida, sin drenaje. Drenaje en ambas fases.	ϕ y c ϕ' y c´	Parámetros totales y parámetros efectivos
Ensayos no consolidados no drenados **UU**	No hay drenaje de la muestra ni en la etapa de consolidación ni en la de aplicación del desviador. Se genera Δu en las dos fases del ensayo (Δu>>>>>>0)	ϕ= 0 C_u	Parámetros de resistencia sin drenaje

Figura 5.20: Tipificación de los ensayos triaxiales.

Ensayo lento o ensayo drenado (CD)

En los ensayos con consolidación previa y rotura con drenaje o ensayos consolidados y lentos (CD), la probeta se consolida bajo la tensión hidrostática σ_3 (presión de cámara) y, una vez obtenida la consolidación total, se rompe al corte con drenaje abierto. La tensión principal mayor σ_1 se aplica a través del pistón con drenaje abierto y de forma lenta y progresiva hasta estabilizar el cambio de volumen y disipar presiones intersticiales ($\Delta u=0$ en esta fase). Las tensiones totales serán entonces efectivas, obteniéndose parámetros con drenaje, efectivos o a largo plazo c´, ϕ´. La línea de resistencia intrínseca es única.

Este ensayo es aplicable a suelos granulares permeables.

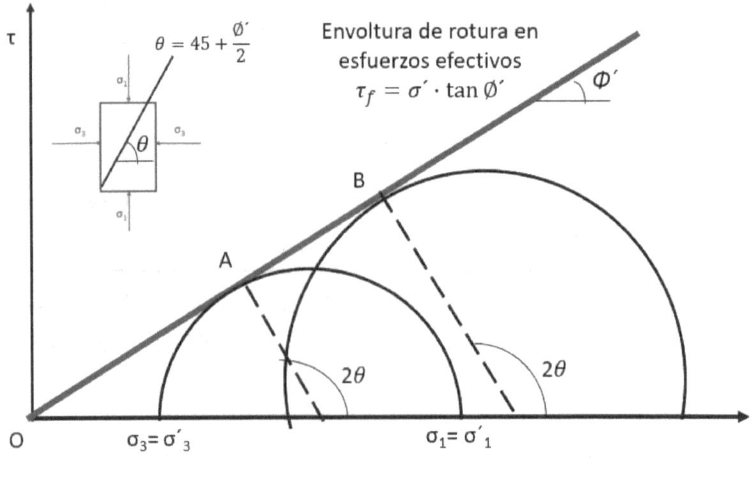

Figura 5.21: Línea de resistencia intrínseca en ensayo triaxial CD.

Ensayo rápido o ensayo sin consolidación previa y rotura sin drenaje (UU o RR)

En este tipo de ensayo no se efectúa ningún drenaje y, por consiguiente, no se puede eliminar la presión intersticial. En este ensayo se aplica σ_3 sin consolidar (drenaje cerrado) y $\sigma_1 - \sigma_3$ crece sin drenaje y rápidamente. Se obtienen parámetros c_u y ϕ_u, sin drenaje.

Este es un ensayo rápido. En la práctica solo dura 10 minutos. Generalmente se realiza en materiales coherentes no remoldeados.

El ensayo se ejecuta si medición de presiones intersticiales y solo con muestras saturadas. La representación de los círculos de Mohr que corresponden a los diferentes ensayos solo se puede hacer en tensiones totales.

El desviador (σ_1-σ_3) no depende de la presión de la cédula ya que, a cada aumento de esta presión, corresponde un aumento idéntico de la presión intersticial. El desviador que provoca la rotura es independiente de la presión reinante durante el ensayo y caracteriza la resistencia al esfuerzo cortante del material en el estado en que se encuentra la muestra antes del comienzo del ensayo. Resulta así que todos los círculos de Mohr tienen el mismo diámetro, igual al desviador aplicado en el momento de la rotura.

Los ensayos no drenados sobre muestras saturadas se caracterizan porque ϕ=0. Este ángulo de rozamiento no tiene ningún significado físico.

El ensayo no drenado pretende solamente determinar la cohesión aparente, cohesión no drenada o resistencia sin drenaje del suelo c_u. Esta cohesión es igual a la mitad del desviador que provoca la rotura. Con este ensayo no se puede determinar la recta de Coulomb.

En la figura 5.22 se representa los círculos de Mohr obtenidos en el ensayo triaxial UU.

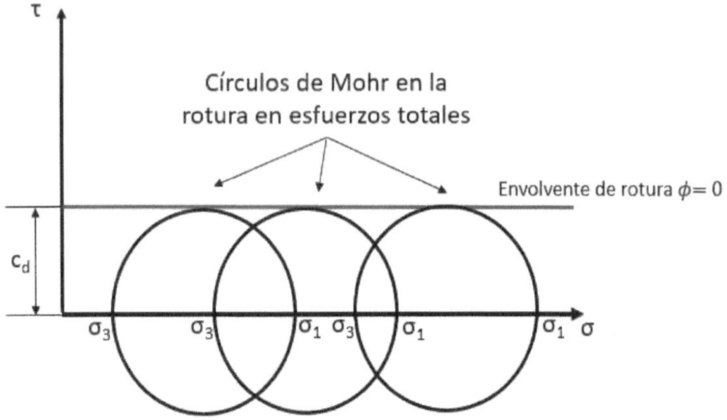

Figura 5.22: Círculos de Mohr en ensayo triaxial UU.

Ensayo consolidado rápido (CU)

El ensayo consolidado rápido o con consolidación previa y rotura sin drenaje se realiza con medida de presiones intersticiales (CU). La primera fase (aplicación de σ_3) se hace con drenaje, hasta disipar el incremento de presiones intersticiales inducido y consolidación de la probeta. Después se cierra el drenaje y se aplica el desviador, pero midiendo el incremento de presión intersticial Δu generado. Así se pueden obtener parámetros en valores totales y en valores efectivos.

Este ensayo se aplica para estudiar la variación de la resistencia al corte no drenado del suelo en función de la presión de consolidación. También se utiliza para determinar los valores de ϕ y c en suelos saturados muy poco permeables. Asimismo, se utiliza para conocer la resistencia de un suelo coherente previamente consolidado, al que se le quiere aplicar una sobrecarga como terraplenes cargado después rápidamente, descargas rápidas de presas de tierra y suelos de fundación de construcciones susceptibles de cargarse o descargarse rápidamente.

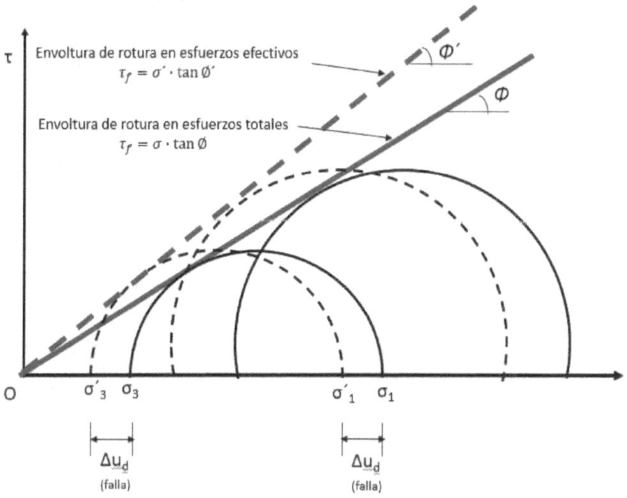

Figura 5.23: Líneas de resistencia intrínseca en ensayo triaxial CD.

Los suelos densos y rígidos tienden a dilatar al ser comprimidos (ya que las partículas no pueden seguir moviéndose para ocupar situaciones de menor volumen) y, en ese caso, el incremento de presión intersticial puede ser negativo, mientras que en suelos flojos y blandos el suelo tiende a disminuir su volumen (dilatación negativa) y a aumentar positivamente la presión intersticial.

Habitualmente para procesos de carga sin drenaje se emplean los parámetros de presión intersticial propuestos por Skempton en 1954:

$$\Delta u = B\,\Delta\sigma_3 + A(\Delta\sigma_1 - \Delta\sigma_3)$$

en que B y A son los parámetros propios del terreno.

En suelos saturados, B es del orden de 1. A depende del tipo de suelo. En suelos elásticos A vale 1/3. Pero en zonas de comportamiento $(\sigma_1 - \sigma_3)/\varepsilon_v$ no lineales, A puede ser positivo (suelos con dilatación negativa) o negativo (dilatación positiva), pasando por el valor cero (no cambio de volumen). En la tabla se recoge un orden de magnitud del parámetro A en rotura para algunos suelos (Skempton, 1954).

TIPO DE SUELO	ΔV EN ENSAYOS SIN DRENAJE	A_f EN ENSAYOS TRIAXIALES SIN DRENAJE
Arcilla sensitiva	Gran contracción	+0,75 → + 1,5
Arcilla normalmente consolidada	Contracción	+0,5 → + 1
Arcilla arenosa compactada	Ligera contracción	+0,25 → + 0,75
Arcilla ligeramente sobreconsolidada	Ligera nula contracción	+0,00 → + 0,5
Grava arcillosa compactada	Dilatación/contracción	-0,25 → + 0,25
Arcilla muy sobreconsolidada	Dilatación	-0,50 → 0.0

Figura 5.24: Orden de magnitud del parámetro A en rotura para algunos suelos (Skempton).

Ensayo de compresión simple

La resistencia a compresión simple de un suelo se define como la carga de rotura de dicho suelo a compresión no confinada. En los ensayos de compresión simple las probetas, cilíndricas o paralelepipédicas, se ensayan aplicando una carga vertical centrada hasta rotura. No existe ninguna coacción lateral. El suelo ha de tener cierta cohesión para mantener la forma de la probeta, es decir, tiene que ser algo limoso o arcilloso. No pueden ensayarse arenas.

Es un ensayo rápido, dura unos minutos, sin drenaje, en que la carga vertical se aplica aproximando las placas de la prensa en la que se introduce la probeta a velocidad de deformación constante, midiendo la carga resultante. Se suele corregir el máximo valor alcanzado para tener en cuenta que la sección media de la probeta se ensancha y su área es algo mayor que lo normal.

El círculo de Mohr es fácil de representar:

- La tensión principal mayor σ_1 es la resistencia en compresión simple, que se denomina q_u en suelos y σ_c en rocas.
- La tensión principal menor σ_3 es cero, por lo que el círculo de Mohr pasa por el origen.

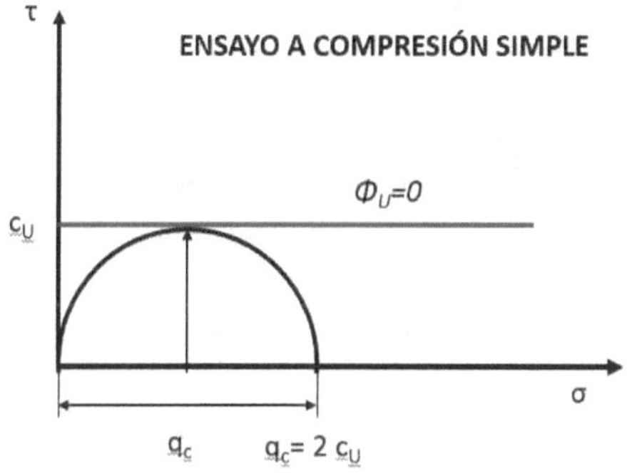

c_U o S_U Resistencia al corte sin drenaje

q_U Resistencia a compresión simple

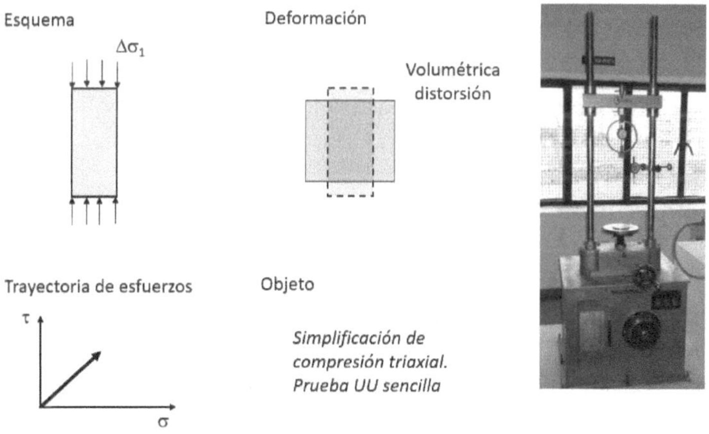

Figura 5.25: Prueba de compresión simple.

En función de los valores de q_u obtenido, se puede establecer una clasificación de resistencia de arcillas que se recogen en la tabla de la figura 5,26.

RESISTENCIA	q_u (kp/cm^2)
Muy baja	0,1-0,5
Baja	0,5-1,5
Media	1,5-3,0
Alta	3,0-5,0
Muy alta	5-10

Figura 5.26: Prueba de compresión simple.

El ensayo de compresión simple es un caso particular del ensayo triaxial rápido cuando la tensión lateral es nula (σ_3= 0). La carga vertical, única que existe, puede aplicarse de forma continua o por incrementos a intervalos de tiempo constantes, mediante una prensa. El aparato lleva un registro que va representando la curva de deformación hasta la rotura. Esta curva esfuerzos-deformación señala el comportamiento del material en los estados intermedios hasta la carga final de rotura. La forma de rotura depende de las características del material. Puede realizarse con o sin medida de la deformabilidad. En este tipo de ensayos influye:

- La relación L/D= 2 o 2,5
- La velocidad de carga
- Las condiciones de borde de la muestra.

Trayectoria de esfuerzos. Parámetros de Lambe

La trayectoria de esfuerzos representa la variación en los estados sucesivos de esfuerzos o estados sucesivos de carga que puede experimentar una muestra de suelo en el laboratorio o en las condiciones de campo. Se explica a partir de los cambios que se pueden producir en el esfuerzo total y en el esfuerzo efectivo aplicados. Los cambios en el esfuerzo normal total son causados por variaciones en el esfuerzo desviador ($\Delta\sigma$), mientras que los cambios en el esfuerzo normal efectivo se dan por cambios en el esfuerzo desviador, por cambios en el exceso de presión de poros (Δu) o por una combinación simultánea de ambos.

Las trayectorias de esfuerzos permiten explicar estos cambios y ver su repercusión en el estado de esfuerzos triaxial para unas condiciones determinadas en campo o en el laboratorio.

En un proceso de carga, los círculos de Mohr cambian continuamente, con lo que su representación puede ser confusa. Por eso, para dibujar la trayectoria de esfuerzos resulta muy útil emplear los parámetros de Lambe, parámetros p´ y q, que se definieron respectivamente como la semisuma y semidiferencia de las tensiones principales mayor y menor, es decir, el centro y el radio del círculo de Mohr:

$$p = \frac{\sigma_1 + \sigma_3}{2}$$

$$q = \frac{\sigma_1 - \sigma_3}{2}$$

Estos parámetros se pueden expresar en valores totales y en valores efectivos, resultando obviamente q= q´.

Es fácil ver que (p´, q) son las coordenadas del punto más alto del círculo de Mohr en el plano (σ´,τ), es decir, el punto de máximo esfuerzo cortante. Con estos parámetros, la condición de rotura se expresa como:

$$q = c \cdot \cos \emptyset + p' \cdot \sin \emptyset$$

Esta recta se conoce como línea de rotura K_f. Se sitúa por debajo de la envolvente de Mohr, con una ordenada en el origen menor (c cos ϕ < c) y formando con el eje de abscisas un ángulo también menor (β= arctg(sen ϕ) < ϕ). La figura 5.27 ilustra la correspondencia entre los diagramas de Mohr (σ´, τ) y Lambe (p´, q). Se aprecia que la línea de rotura K_f y la envolvente de Mohr parten del mismo punto, ya que la resistencia a tracción del suelo es la misma.

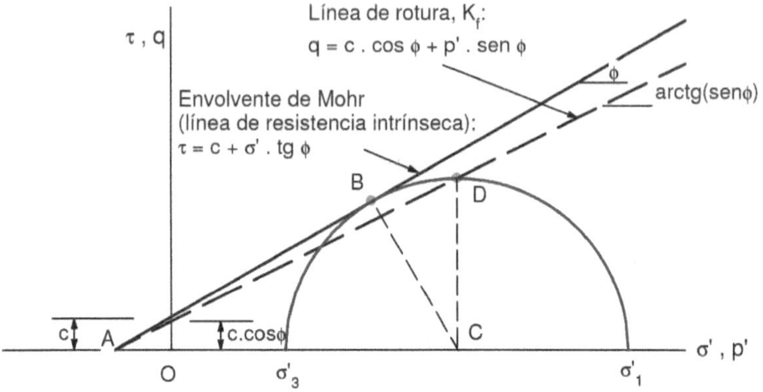

Figura 5.27: Correspondencia entre el diagrama de Mohr (σ´, τ) y el plano de Lambe (p´, q).

Si consideramos el triángulo ABC de la envolvente de Mohr y el triángulo ADC de la línea K_f, resultan las siguientes relaciones trigonométricas:

$$\sin \emptyset = \frac{BC}{AC} = \frac{R}{c \cdot \cot \emptyset + \sigma_3{}' + R}$$

$$\tan \beta = \frac{DC}{AC} = \frac{R}{c \cdot \cot \emptyset + \sigma_3{}' + R}$$

De donde:

$$\sin \emptyset = \tan \beta$$

Resultando:

$$\emptyset = \sin^{-1}(\tan \beta)$$

$$\beta = \tan^{-1}(\sin \emptyset)$$

Además, en cada triángulo tenemos:

$$\tan \emptyset = \frac{c}{AC}$$

$$\tan \beta = \frac{d}{AC}$$

Igualando para AC:

$$\frac{c}{\tan \emptyset} = \frac{d}{\tan \beta}$$

Como:

$$\sin \emptyset = \tan \beta$$

Se tiene que:

$$\frac{c}{\tan \emptyset} = \frac{d}{\sin \emptyset}$$

Y, por tanto:

$$c = \frac{d}{\cos \emptyset}$$

$$d = c \cdot \cos \emptyset$$

La ecuación de la línea de rotura K_f en el plano (p´, q) es la ecuación de una recta de pendiente tan β y ordenada en el origen d:

$$q = p' \cdot \tan \beta + d$$

Y a partir de las relaciones anteriores:

$$q = p' \cdot \sin \emptyset + c \cdot \cos \emptyset$$

La trayectoria de esfuerzos se dibuja siempre en el plano (p´, q) y resulta de la unión de los puntos de mayor cortante, definidos por el valor del centro y radio del círculo de Mohr en el plano (σ, τ). En las compresiones triaxiales las trayectorias de esfuerzos siempre son hacia la derecha y hacia arriba.

En la figura 5.28 se representa la trayectoria de esfuerzos en el diagrama de Mohr (σ´, τ) y en el plano de Lambe (p´, q).

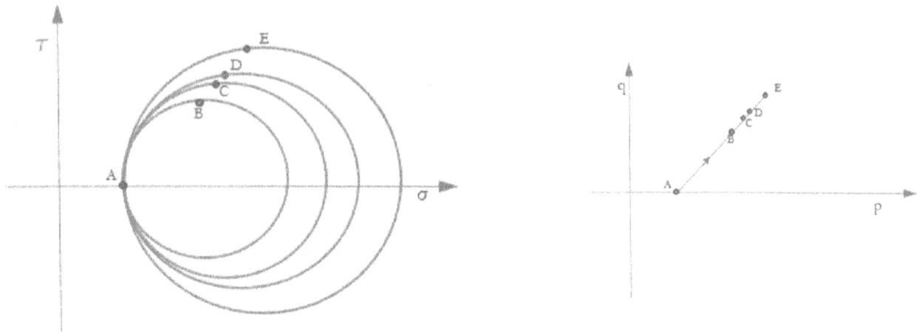

Figura 5.28: Trayectoria de esfuerzos en diagrama de Mohr (σ´, τ) y en plano de Lambe (p´, q).

BIBLIOGRAFÍA

J.A. Jiménez Salas; J.L. de Justo Alpañes; A.A. Serrano González (). Geotecnia y cimientos (tomos I, II y III). Madrid, Rueda (1975).

L.I. González de Vallejo; M. Ferrer; L. Ortuño; C. Oteo (). Ingeniería geológica. Madrid, Pearson (2002).

F.J. Ayala Carcedo y otros (). Manual de Ingeniería de Taludes. Madrid, Instituto Geológico Minero de España (2006).

T. W. Lambe; R.V. Whitman (). Mecánica de suelos. México, Limusa (2009).

Lucas Badillo; Rico Rodríguez (). Mecánica de suelos. Tomo 1 Fundamentos de la mecánica de suelos. México, Limusa (2005).

Peter L Berry; David Reid (). Mecánica de suelos. Bogotá, MckGraw Hill (1993).

J. Costet; G. Sanglerat (). Curso práctico de mecánica de suelos. Omega (1999).

L. Bañón; J.F. Breviá García (). Manual de carreteras. Volumen I: Elementos y proyectos. Alicante, Ortiz e hijos. Contratistas de obra (2000).

FSC
www.fsc.org
MIX
Papier | Fördert gute Waldnutzung
FSC® C083411

Kolibri 360 GmbH
Ferdinand-Jühlke-Straße 7
99095 Erfurt, Deutschland
produktsicherheit@kolibri360.de

Druck:
CPI Druckdienstleistungen GmbH
im Auftrag der
Kolibri 360 GmbH
Ferdinand-Jühlke-Str. 7
99095 Erfurt